BEI GRIN MACHT SICH IHR WISSEN BEZAHLT

AF141806

- Wir veröffentlichen Ihre Hausarbeit,
  Bachelor- und Masterarbeit

- Ihr eigenes eBook und Buch -
  weltweit in allen wichtigen Shops

- Verdienen Sie an jedem Verkauf

Jetzt bei www.GRIN.com hochladen und kostenlos publizieren

Marvin Harder

Der Flug der Brezel: Numerische Integration von Differentialgleichungen anhand eines Beispiels

GRIN Verlag

Bibliografische Information der Deutschen Nationalbibliothek:

Die Deutsche Bibliothek verzeichnet diese Publikation in der Deutschen National-
bibliografie; detaillierte bibliografische Daten sind im Internet über http://dnb.d-
nb.de/ abrufbar.

Impressum:

Copyright © 2011 GRIN Verlag GmbH
Druck und Bindung: Books on Demand GmbH, Norderstedt Germany
ISBN: 978-3-656-16624-5

Dieses Buch bei GRIN:

http://www.grin.com/de/e-book/190041/der-flug-der-brezel-numerische-integration-
von-differentialgleichungen

GRIN - Your knowledge has value

Der GRIN Verlag publiziert seit 1998 wissenschaftliche Arbeiten von Studenten, Hochschullehrern und anderen Akademikern als eBook und gedrucktes Buch. Die Verlagswebsite www.grin.com ist die ideale Plattform zur Veröffentlichung von Hausarbeiten, Abschlussarbeiten, wissenschaftlichen Aufsätzen, Dissertationen und Fachbüchern.

Besuchen Sie uns im Internet:

http://www.grin.com/

http://www.facebook.com/grincom

http://www.twitter.com/grin_com

Ohm-Gymnasium
Erlangen

Abiturjahrgang
2011/2012

SEMINARARBEIT

Rahmenthema des Wissenschaftspropädeutischen Seminars:

Denkspiele aus der Mathematik

Leitfach:

Mathematik

Thema der Seminararbeit:

Der Flug der Brezel

Numerische Integration von Differentialgleichungen anhand eines Beispiels

Verfasser: Marvin Harder
Abgabetermin: 8. November 2011

Der Flug der Brezel

1. Einleitung

Ich bin schon seit langer Zeit daran interessiert, mathematische Rätsel und Denkspiele aller Art zu lösen, jedoch habe ich vor allem großen Spaß daran, vorhandene Aufgaben in der Art zu verändern, dass sie nicht mehr durch einfache mathematische Lösungsformeln zu lösen sind, sondern höhere Mathematik zum Finden der richtigen Lösung angewandt werden muss! So habe ich auch die vorliegende Arbeit dazu genutzt, ein solches einfaches Rätsel von Martin Gardner zu lösen und durch eigens erdachte Erweiterungsmöglichkeiten in höhere mathematische Grundlagen einzuführen!

Gewöhnliche Differentialgleichungen spielen in der Mathematik und den Naturwissenschaften eine große Rolle. In der Praxis lassen sich die meisten relevanten Gleichungen dieser Art allerdings nicht mehr analytisch, sondern nur numerisch lösen. Die vorliegende Arbeit möchte anhand einer konkreten gewöhnlichen Differentialgleichung 2. Ordnung ein Computer-gestütztes Lösungsverfahren vorstellen und ist folgendermaßen aufgebaut:

Zunächst wird in Kapitel 2 der Begriff der gewöhnlichen Differentialgleichung eingeführt und anhand eines einfachen Beispiels erläutert. Nach der Vorstellung der Newton'schen Bewegungsgleichung, die eine Differentialgleichung 2. Ordnung darstellt, befasst sich die Arbeit mit der Methode der numerischen Integration, die bei der Berechnung der Bahnkurven eines Raumschiffs zur Anwendung kommen wird. Zunächst wird das sogenannte Euler-Verfahren als das einfachste Verfahren vorgestellt; ich führe hier aber auch gleich das Verfahren der Symmetrisierung des Differenzenquotienten ein, mit dem sich gegenüber dem Euler-Verfahren bei gleichem Rechenaufwand deutlich genauere Ergebnisse erzielen lassen. Nach der Vorstellung der Flussdiagramme für die Programmierung beider Verfahren wende ich diese Techniken zunächst auf die Berechnung der Bahnkurve des analytisch lösbaren Problems des waagerechten Wurfes an, um die Programme zu testen, ihre Genauigkeit zu vergleichen und die Rolle der Zeitschrittweite bei den Berechnungen abschätzen zu können.

Kapitel 3 spannt zunächst den Rahmen auf, in den die numerisch zu lösende Aufgabe inhaltlich eingebettet ist. Es handelt sich dabei ursprünglich um ein Rätsel von Martin Gardner, in dem es um ein Raumschiff namens „Brezel" geht, das vom Mond zur Erde fliegt. In dem Rätsel wird nach dem Punkt auf der Verbindungsgerade zwischen Mond und Erde gesucht, von dem aus beide gleich groß erscheinen. Über das ursprüngliche Rätsel hinausgehend wird sich allerdings zeigen, dass es noch viel mehr Punkte im Raum gibt, welche diese Bedingung erfüllen. Betrachtet man nur die Menge der Punkte, von denen aus

Mond und Erde gleich groß erscheinen, die in der Ebene liegen, in der sich der Mond um die Erde bewegt, so liegen diese Punkte auf einem Kreis, den ich „Brezelkreis" nennen werde. Ich nehme in einer Fortführung des ursprünglichen Rätsels von Martin Gardner nun an, dass die „Brezel" auf einem beliebigen Punkt des „Brezelkreises" parkt (Geschwindigkeit $\vec{v} = 0$ zum Zeitpunkt $t = 0$) und dabei die Antriebsmaschine irreversibel ausfällt. Dabei fragt man nun nach der Bewegungs-Bahnkurve, die sich allein aus der Gravitationskraft von Mond und Erde auf die „Brezel" ergibt bzw. ob das Raumschiff – in Abhängigkeit von seiner Parkposition auf dem „Brezelkreis" – auf direktem Weg auf dem Mond oder der Erde aufschlägt oder vielleicht kompliziertere Bahnen durchläuft.

In Kapitel 4 wird nach der Beschreibung des Gravitationsfeldes, dem die „Brezel" ausgesetzt ist, zunächst eine vereinfachte Rechnung der „Brezel"-Flugbahn durchgeführt, bei der die Bewegung des Mondes um die Erde noch nicht berücksichtigt ist. Im nächsten Schritt wird die Mondbewegung einbezogen und das Ergebnis der Rechnung mit der Näherung des unbewegten Mondes verglichen. Schließlich werden die Punktmengen des „Brezelkreises" ermittelt, von denen aus die „Brezel" unter alleiniger Einwirkung der Gravitationskräfte in ihrer Bewegungsbahn direkt auf den Mond oder die Erde aufschlagen wird.

Kapitel 5 gibt schließlich einen Ausblick auf Rechenverfahren, mit denen die Leistungsfähigkeit der dargestellten numerischen Integration noch weiter erhöht werden kann, bevor in Kapitel 6 die wesentlichen Aspekte dieser Arbeit zusammengefasst werden.

2. Numerische Lösung gewöhnlicher Differentialgleichungen

2.1 Gewöhnliche Differentialgleichungen

Gewöhnliche Differentialgleichungen[1] sind Funktionalgleichungen, die neben nur einer unabhängigen Variablen x und einer davon abhängigen Variablen $y(x)$ noch Ableitungen $y', ..., y^{(n)}$ dieser Variablen nach x enthalten, sich also in einer Gleichung der Gestalt

$$\boxed{\phi(x, y, y', ..., y^{(n)}) = 0} \qquad \text{(Gl-2a)}$$

darstellen lassen ([1], Seite 627ff). Dabei nennt man die höchste auftretende Ableitungen von $y(x)$ die *Ordnung* der gewöhnlichen Differentialgleichung.

DGL werden bei der Erklärung von Naturgesetzen oft zur mathematischen Beschreibung von einem zeitlichen Änderungsverhalten voneinander abhängiger Größen herangezogen.

Ein einfaches Beispiel einer DGL 1. Ordnung ist etwa das zeitliche Wachstum einer Bakterienkolonie, also die Zunahme der Bakterienzahl, wobei sich Bakterien durch einfache Zellteilung fortpflanzen, bei der aus einer Mutterzelle in der nächsten Generation zwei Tochterzellen entstehen. Die Geschwindigkeit des Wachstums ist hierbei von der Zahl der Teilungen der Bakterienzellen pro Zeiteinheit abhängig. Mathematisch formuliert sind die in einem bestimmten Zeitintervall dt hinzukommende Zahl „neuer" Bakterien dN direkt proportional zur Zahl der zur Zeit t vorhandenen Bakterien $N(t)$ und wird als exponentielles Wachstum folgendermaßen ausgedrückt:

$$\frac{dN}{dt} = k \cdot N(t) \qquad \text{(Gl-2b)},$$

wobei dN (sprich „delta" N) die Zahl der hinzukommenden Bakterien in einem definierten Zeitintervall dt wiedergibt, $N(t)$ die Gesamtzahl der Bakterien zum Untersuchungszeitpunkt t darstellt und k eine feste Konstante, die auch Zuwachs- oder Vermehrungsrate genannt wird, wiedergibt, welche von der Geburtenrate GR sowie Sterberate SR der zu betrachteten Bakterienkolonie folgendermaßen abhängt[2]:

---

[1] Wir kürzen „gewöhnliche Differentialgleichung(en)" im folgenden auch mit DGL ab.
[2] Nach [7], Seite 141

$$k = GR + SR \quad \text{(Gl-2b}_\text{i}) \qquad GR = \frac{+N_G}{dt \cdot N(t)} \quad \text{(Gl-2b}_\text{ii}) \qquad SR = \frac{-N_T}{dt \cdot N(t)} \quad \text{(Gl-2b}_\text{iii})$$

N_G : Anzahl der Geburten; N_T : Anzahl der Todesfälle; $N(t)$: Gesamtzahl der betrachteten Bakterien zum Zeitpunkt t

Unter der Anfangsbedingung $N(t = 0) = N_0$ ergibt sich die Lösung[3]

$$N(t) = N_0 \cdot e^{kt} \quad \text{(Gl-2c).}$$

Die Lösung einer DGL ist also im Allgemeinen nicht eine Zahl, sondern eine Funktion, die von gegebenen Anfangsbedingungen abhängt.

Das wohl bekannteste Beispiel einer DGL 2. Ordnung in der Physik ist die Newton'sche Bewegungsgleichung, die mit beliebigem Kraftgesetz $F(\vec{x})$ folgendermaßen geschrieben werden kann[4]:

$$\boxed{\vec{F}(\vec{x}(t)) = m \cdot \ddot{\vec{x}}} \quad \text{(Gl-2d)}$$

Im Gegensatz zu Gl-2a ist die unabhängige Variable hier mit t bezeichnet und die zweite Ableitung durch zwei Punkte markiert, was in der Physik üblich ist. Ferner ist die abhängige Variable $\vec{x}(t)$ als vektorielle Größe geschrieben, da Gl-2d für jede Dimension des betrachteten Raumes separat gilt.

In einfachen Fällen, etwa bei Vorliegen einer ortsunabhängigen konstanten Kraft, ist Gl-2d analytisch lösbar, wovon ich unten am Beispiel des waagerechten Wurfes Gebrauch machen werde. In den meisten realen Fällen, wie etwa bei der Berechnung der Flugbahnen von Raumschiffen, ist man jedoch auf die wesentlich komplexeren numerischen Lösungsverfahren angewiesen.

2.2 Das Verfahren der numerische Integration

Um in einem späteren Kapitel die Flugbahn der „Brezel" durch Integration der Newton'schen Bewegungsgleichung berechnen zu können, sollen im Folgenden zunächst die entsprechenden mathematischen Grundlagen der numerischen Integration beschrieben und anschießend ihre Umsetzung in ein für Computer ausführbares Programm vorgestellt werden. Anschließend

---

[3] Eine tiefer gehende Darstellung ökologischer Modelle mittels DGL findet sich z.B. auf Seiten 1ff in [2].

[4] Meist wird die vereinfachte Schreibweise $\vec{F} = m \cdot \vec{a}$ nach [7], Seite 84, benutzt.

werden die Verfahren am Beispiel der analytisch berechenbaren Bahnkurve beim waagerechten Wurf getestet und verglichen.

Gl-2d ist eine DGL 2. Ordnung, die sich in zwei DGL 1. Ordnung zerlegen lässt:

$$\ddot{x}(t) = \dot{v}(t) \text{ (Gl-2e)} \quad \text{und} \quad \vec{v}(t) = \dot{\vec{x}}(t) \text{ (Gl-2f)}$$

Die Vorgehensweise besteht nun darin, die Zeit in diskrete kleine Zeitschritte Δt zu unterteilen[5] und für jeden Zeitpunkt $t = n \cdot \Delta t$ mit $n \in N_0$ die Werte der Ableitungen durch die Differenzenquotienten abzuschätzen.

Die einfachste Abschätzung besteht dabei in dem sog. Euler-Verfahren, das mit

$$\dot{\vec{v}}(t) \approx \frac{\vec{v}(t + \Delta t) - \vec{v}(t)}{\Delta t} \text{ (Gl-2g)} \quad \text{und} \quad \dot{\vec{x}}(t) \approx \frac{\vec{x}(t + \Delta t) - \vec{x}(t)}{\Delta t} \text{ (Gl-2h)}$$

arbeitet und offensichtlich der „h-Methode" des Differenzierens entspricht, bei der die Ableitung einer Funktion $f(x)$ beim Wert x_0 (der auch Stützstelle genannt wird) durch Annäherung nur von einer Seite, also von $x_0 + h$ oder $x_0 - h$, erfolgt. Durch Umformung der Gleichungen Gl-2g und Gl-2h ergeben sich als Abschätzungen für $\vec{v}(t + \Delta t)$ und $\vec{x}(t + \Delta t)$ aus den Werten $\vec{a}(t)$, $\vec{v}(t)$ und $\vec{x}(t)$ des letzten Zeitschrittes:

$$\vec{v}(t + \Delta t) \approx \vec{v}(t) + \vec{a}(t) \cdot \Delta t \quad \textbf{(Gl-2i)}$$

und

$$\vec{x}(t + \Delta t) \approx \vec{x}(t) + \vec{v}(t) \cdot \Delta t \quad \textbf{(Gl-2j)}^6,$$

mit $\vec{a}(t) = \dot{\vec{v}}(t)$ und $\vec{v}(t) = \dot{\vec{x}}(t)$ (Gl-2f).

Die Beschleunigung $\vec{a}(t + \Delta t)$ ergibt sich durch Einsetzen von $\vec{x}(t + \Delta t)$ in Gl-2d:

$$\vec{a}(t + \Delta t) = \ddot{\vec{x}}(t + \Delta t) = \frac{\vec{F}(\vec{x}(t + \Delta t))}{m} \quad \text{(Gl-2k)}$$

Ich will an dieser Stelle eine nur wenig aufwändigere, aber wesentlich genauere Abschätzung vorstellen, die auf einer in einem Rechenschritt gleichzeitig erfolgenden symmetrischen Annäherung an die Stützstelle von beiden Seiten, also von $t + \Delta t$ und $t - \Delta t$, beruht [4] und die ich im Folgenden mit „Symmetrisierung" bezeichne:

---

[5] Δt nennen wir „Zeitschrittweite".
[6] Gl-2j wird auch als Integrationsformel von Euler-Cauchy bezeichnet ([3], S. 4)

$$\dot{\vec{v}}(t) \approx \frac{\vec{v}(t + \Delta t) - \vec{v}(t - \Delta t)}{2\Delta t} \quad \text{(Gl-2l)} \quad \text{und} \quad \dot{\vec{x}}(t) \approx \frac{\vec{x}(t + \Delta t) - \vec{x}(t - \Delta t)}{2\Delta t} \quad \text{(Gl-2m)}$$

Daraus ergibt sich als Abschätzung für $\vec{v}(t + \Delta t)$ und $\vec{x}(t + \Delta t)$:

$$\vec{v}(t + \Delta t) \approx \vec{v}(t - \Delta t) + 2 \cdot \vec{a}(t) \cdot \Delta t \quad \text{(Gl-2n)}$$

und

$$\vec{x}(t + \Delta t) \approx \vec{x}(t - \Delta t) + 2 \cdot \vec{v}(t) \cdot \Delta t \quad \text{(Gl-2o)}$$

Wiederum ergibt sich die Beschleunigung $\vec{a}(t + \Delta t)$ durch Einsetzen von $\vec{x}(t + \Delta t)$ in Gl-2d.

Figur 1 verdeutlicht am Beispiel eines gekrümmten Kurvenverlaufs, dass die Symmetrisierung eine genauere Abschätzung der Ableitung erlaubt, als das Euler-Verfahren[7]:

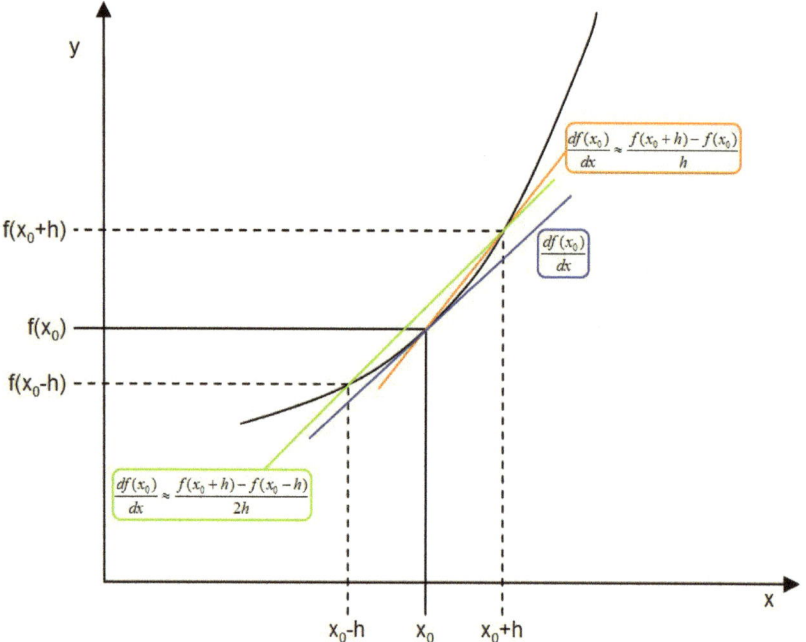

Figur 1: Vergleich von Euler-Verfahren und Symmetrisierung bei der Näherung des Differentialquotienten durch den Differenzenquotienten.

In blau ist die tatsächliche Ableitung am Punkt $(x_0, f(x_0))$ eines in der Umgebung dieses Punktes gekrümmten Kurvenverlaufs dargestellt, die durch beide Verfahren angenähert

---

[7] Eine ausführliche mathematische Betrachtung der Güte dieser Näherung findet sich z.B. in [5], Seite 584f..

werden soll. In orange ist die Näherung nach dem Euler-Verfahren gezeigt, welche die beiden Stützstellen $x = x_0$ und $x = x_0 + h$ verwendet. In grün ist das Verfahren der Symmetrisierung gezeigt, das die symmetrisch angeordneten Stützstellen $x = x_0 - h$ und $x = x_0 + h$ nutzt. In Figur 1 ist gut zu erkennen, dass die Steigung der grün gezeichneten Geraden den tatsächlichen Wert der ersten Ableitung (Steigung der blauen Tangente am Punkt x_0) besser annähert, als die der orange markierten Geraden, welche sich nach dem Euler-Verfahren ergibt.

2.3 Programmierung der numerischen Integration

Mit einem Computerprogramm werden nun für jeden Zeitpunkt t_n die Parameter $x(t_n)$, $v_x(t_n)$ und $a_x(t_n)$ aus den Werten des vorherigen Zeitschrittes $x(t_{n-1})$, $v_x(t_{n-1})$ und $a_x(t_{n-1})$ berechnet. Ebenso werden die entsprechenden Werte $y(t_n)$, $v_y(t_n)$ und $a_y(t_n)$ aus $y(t_{n-1})$, $v_y(t_{n-1})$ und $a_y(t_{n-1})$ ermittelt. Bevor ich das Verfahren in ein Computerprogramm übersetze, will ich die Abläufe für das Euler-Verfahren und für die Symmetrisierung jeweils in einem Flussdiagramm allgemein darstellen (Figuren 2a, 2b).

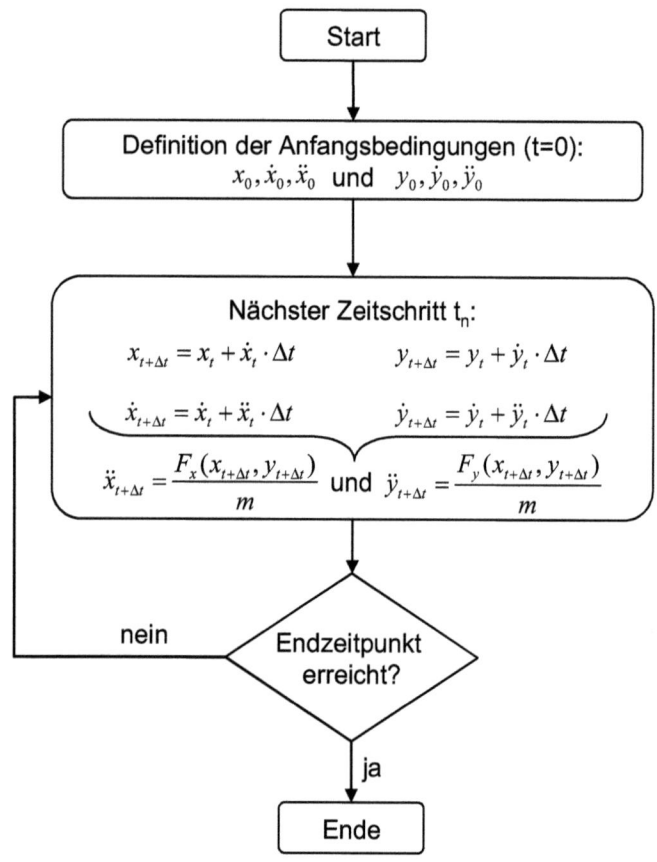

Figur 2a: *Flussdiagramm zur schrittweisen Berechnung der Bahnkurve mit dem Euler-Verfahren. (Der Übersichtlichkeit halber wurden hier Ein- und Ausgabebefehle weggelassen.)*

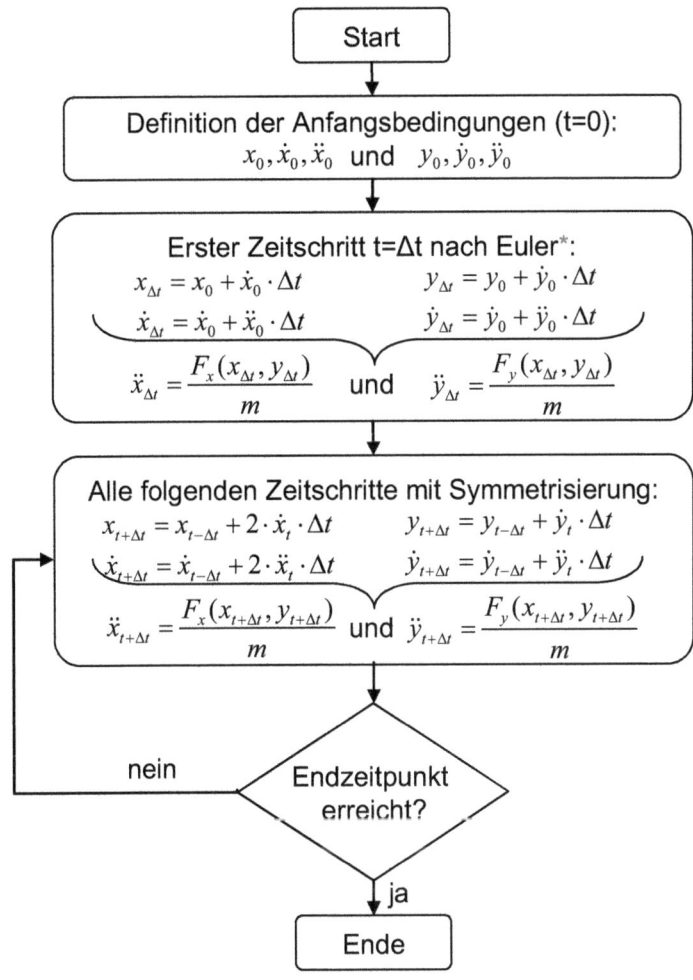

Figur 2b: Flussdiagramm für das Integrationsverfahren mit Symmetrisierung.

* Der erste Rechenschritt kann noch nicht mit der Methode der Symmetrisierung durchgeführt werden, weil am Anfang lediglich die Daten zu einem Zeitpunkt (t=0) vorliegen; die symmetrisierte Methode braucht stets die Daten zu zwei (aufeinanderfolgenden) Zeitpunkten.

Die gezeigten Flussdiagramme zeigen in grober Form den Ablaufplan des Programms, der in verschiedenen Programmiersprachen umgesetzt werden kann. In dieser Arbeit wurden die Programme zur Berechnung der Bahnkurven in der Programmiersprache QBasic geschrieben [6].

2.4 Test am Beispiel des waagerechten Wurfes

Ich will das Verfahren am Beispiel des waagerechten Wurfes testen, worunter man in der Physik den zeitlichen Bewegungsvorgang eines Körpers versteht, der parallel zum Horizont mit einer horizontalen Startgeschwindigkeit $\vec{v}(t=0)$ geworfen wird und sich unter idealisierten Bedingungen, d.h. ohne Berücksichtigung des Luftwiderstandes, unter dem Einfluss der Gewichtskraft mit der Normalbeschleunigung g_0 bewegt. Die daraus resultierende Bahnkurve ist eine Wurfparabel (siehe Figur 3), die sich analytisch berechnen lässt. Dabei liege die x-Achse parallel zur Erdoberfläche in Wurfrichtung und die y-Achse senkrecht zur Erdoberfläche entgegengesetzt der Richtung der Gravitationskraft (also „nach oben"). Hat ein Körper zur Zeit $t = 0$ die Anfangsparameter

$$\vec{x}(t=0) = \begin{pmatrix} 0 \\ 10m \end{pmatrix} \quad \text{und} \quad \vec{v}(t=0) = \begin{pmatrix} 1\frac{m}{s} \\ 0 \end{pmatrix},$$

d.h. der Körper befindet sich 10m oberhalb der Erdoberfläche zum Startzeitpunkt $t = 0$ und wird mit der Startgeschwindigkeit $\vec{v}(t=0) = 1\frac{m}{s}$ parallel zum Horizont in x-Richtung geworfen, dann folgt (mit der Normalfallbeschleunigung $g_0 = 9,81\frac{m}{s^2}$ [7]) aus

$$y(t) = 10m - \frac{1}{2} \cdot g_0 \cdot t^2 \ \text{(Gl-2p)} \quad \text{und} \quad t = \frac{x}{v_x} \ \text{(Gl-2q)}$$

durch Einsetzen eine parabelförmige Bahnkurve der Form [7]:

$$\boxed{y = 10m - \frac{1}{2} \cdot g_0 \cdot \frac{x^2}{v_x^2}} \ \text{(Gl-2r)}$$

Dabei trifft der Körper bei dem x-Wert $x_{Aufschlag}$ auf den Boden auf, für den $y = 0$ ist:

$$\frac{1}{2} \cdot g_0 \cdot \frac{x_{Aufschlag}^2}{v_x^2} = 10m \ \text{(Gl-2s)}$$

$$\Rightarrow x_{Aufschlag} = v_x \cdot \sqrt{\frac{20m}{g_0}} = 1,43m \quad \text{(Gl-2t)}$$

Ich will die Bahnkurve mit dem Euler-Verfahren und dem symmetrisierten Verfahren berechnen und die Ergebnisse für verschiedene Zeitschrittweiten Δt mit dem eben beschriebenen analytisch ermittelten, exakten Ergebnis vergleichen.

Anhang 1 zeigt ein dem Flussdiagramm Figur 2a entsprechendes, von mir erstelltes QBasic-Programm für das Euler-Verfahren, Anhang 2 das von mir geschriebene Programm für das symmetrisierte Verfahren nach dem Flussdiagramm Figur 2b. Die Ergebnisse sind in Figur 3 dargestellt.

In Figur 3 ist zunächst das Ergebnis der exakten Rechnung in Form des durch kleine schwarze Kreise markierten Kurvenverlaufs gezeigt. Je näher die numerisch ermittelten Kurven an dieser Kurve liegen, desto genauer arbeitet das entsprechende numerische Verfahren.

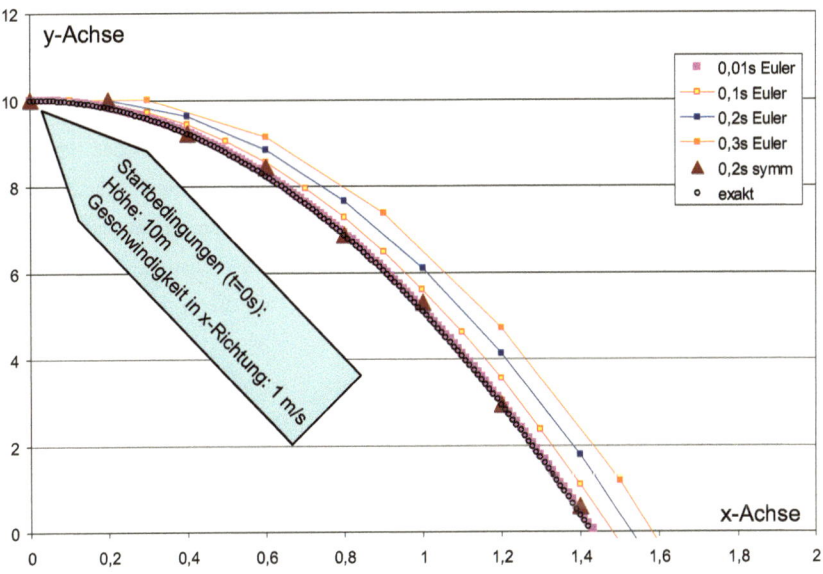

Figur 3: Euler-Verfahren und symmetrisiertes Verfahren mit verschiedener Zeitschrittweite am Beispiel des waagerechten Wurfes.

Betrachtet man zunächst die Ergebnisse des Euler-Verfahrens mit verschiedener Zeitschrittweite, so zeigt sich: Je kleiner die Zeitschrittweite gewählt wird, desto näher liegt das Rechenergebnis an der analytisch exakt berechneten Bahnkurve (desto größer ist allerdings auch der Rechenaufwand). Mit immer kleiner werdender Zeitschrittweite konvergiert die berechnete Bahnkurve gegen das exakte Ergebnis. Ist das exakte Ergebnis nicht bekannt (was bei Anwendung der numerischen Integration im Allgemeinen der Fall ist), kann man die Ungenauigkeit bei gewählter Zeitschrittweite dadurch abschätzen, dass man das

13

Ergebnis mit dem Resultat z.B. der halbierten Zeitschrittweite vergleicht: Ist die Abweichung der beiden Bahnkurven voneinander akzeptabel gering, so hat man eine hinreichend kleine Zeitschrittweite gewählt.

Ein Vergleich der nach dem Euler-Verfahren (blaue Quadrate) mit der nach dem symmetrisierten Verfahren (braune Dreiecke) berechneten Kurven für die Zeitschrittweite 0,2s zeigt, dass das symmetrisierte Verfahren deutlich näher an der exakten Lösung liegt, was Figur 1 bereits erwarten ließ. Ich werde die Flugbahnen der „Brezel" deshalb im Folgenden stets mit dem symmetrisierten Verfahren berechnen.

3. Mathematisches Weltraum-Denkspiel als Ausgangspunkt der Arbeit

Martin Gardner war Wissenschaftsjournalist und lebte von 1914 bis 2010. Zwischen 1957 und 1982 veröffentlichte er in der Zeitschrift Scientific American in der Kolumne „Mathematical Games" mathematische Rätsel, die er dann auch in zahlreichen Büchern zusammenfasste [8]. Eines seiner Bücher wurde unter dem Titel „Denkspiele aus der Zukunft" ins Deutsche übersetzt [9] und enthält als Nummer 36 das Rätsel „Die Brezel kehrt heim", das Ausgangspunkt dieser Arbeit ist.

3.1 "Die Brezel kehrt heim" – ein mathematisches Denkspiel

„Als das Raumschiff Brezel von seiner Mission [...] heimkehrte, landete es zuerst auf der Mondbasis, [...]. Zwei Wochen später befand es sich auf dem Anflug zur Erde. [...] „Ich habe gerade etwas Ungewöhnliches beobachtet", [...] „Erst betrachtete ich die Erde durch das Frontfenster. Dann sah ich mir den Mond durch das Rückfenster an. Sie sind genau gleich groß!" [...] „Natürlich weißt du, daß es nur einen Punkt auf unserer Route gibt, wo so etwas möglich ist. Diesen Punkt auf einer Karte zu bestimmen, wäre eine gute Übung in Geometrie. Wir wollen das Problem vereinfachen und alle wichtigen Daten auf- oder abrunden. Nimm an, die Entfernung vom Mittelpunkt des Mondes zum Mittelpunkt der Erde beträgt 240.000 Meilen. Der Durchmesser der Erde beträgt 8.000 Meilen, der Durchmesser des Mondes 2.000.[8] Traust du dir zu, herauszufinden, in welcher Entfernung vom Mond wir uns jetzt befinden?" [...] [9]

---

[8] (Fußnote nicht im Original) In dieser Arbeit wird mit folgenden Werten gerechnet:

3.2 Der „Brezelkreis" – eine erste Erweiterung des Denkspiels

Ich will die Aufgabe an dieser Stelle erweitern, sodass ich nicht nur den Punkt auf der direkten Verbindungsgerade zwischen Mond und Erde betrachte, sondern alle Punkte in der Ebene bestimme, von denen aus Erde und Mond gleich groß erscheinen. Die Größe der Erscheinung wird dabei durch den Sehwinkel bestimmt (Figur 4).

Für einen Punkt in der Ebene mit den Koordinaten $B(x, y)$, der von dem Mittelpunkt der Erde (mit dem Erdradius r_E) den Abstand d_E hat, ergibt sich in der in Figur 4 dargestellten Weise der Sehwinkel α, unter dem die Erde erscheint:

$$sin\frac{\alpha}{2} = \frac{r_E}{d_E} \quad \text{(Gl-3a)}$$

Entsprechend erscheint der Mond mit dem Mondradius r_M und dem Abstand d_M des Punktes vom Mittelpunkt des Mondes unter dem Sehwinkel β:

$$sin\frac{\beta}{2} = \frac{r_M}{d_M} \quad \text{(Gl-3b)}$$

In der im Beispiel der Figur 4 gezeigten Situation erscheint die Erde ersichtlich größer, als der Mond.

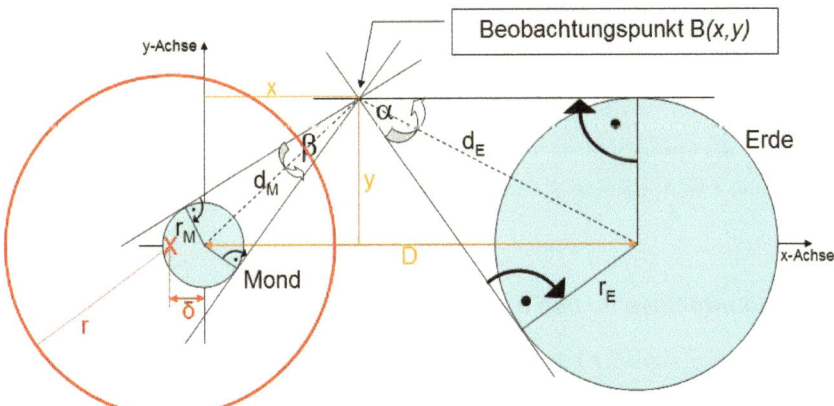

Figur 4: Schematisch Darstellung zum Sehwinkel und zur Berechnung des Brezelkreises (nicht maßstabsgetreu).

– Durchmesser der Erde = 12735 km (Mittelwert aus Äquator- und Poldurchmesser nach [10]
– Durchmesser Mond = 3476 km (Mittlerer Durchmesser nach [11]
– Abstand Erde-Mond = 384.000 km (Mittelwert gerundet nach [11]).

Mond und Erde erscheinen genau dann gleich groß, wenn die Sehwinkel α und β beider Objekte gleich groß sind:

Mit $\sin\dfrac{\alpha}{2} = \dfrac{r_E}{d_E}$ und $\sin\dfrac{\beta}{2} = \dfrac{r_M}{d_M}$ folgt unter der Bedingung $\alpha = \beta$:

$$\frac{r_E}{d_E} = \frac{r_M}{d_M} \quad \Rightarrow \quad r_E \cdot d_M = r_M \cdot d_E \quad \text{(Gl-3c)}$$

Mit $d_M = \sqrt{x^2 + y^2}$ und $d_E = \sqrt{(D-x)^2 + y^2}$ (mit D als Abstand der Mittelpunkte von Erde und Mond, siehe Figur 4) ergibt sich nach der in Anhang 3 gezeigten Nebenrechnung für alle Punkte $B(x,y)$, die die Bedingung erfüllen, dass von ihrem Ort aus Mond und Erde gleich groß erscheinen :

$$\boxed{y^2 = -x^2 + \frac{r_M^2 D(D-2x)}{r_E^2 - r_M^2}} \quad \text{(Gl-3d)}$$

Nach Anhang 3 ist dies die Gleichung eines Kreises mit dem Durchmesser r und einem auf der x-Achse um δ nach links verschobenen Mittelpunkt (Figur 4), wobei nach der im Anhang 3 gezeigten Nebenrechnung gilt:

$$\delta = \frac{r_M^2 D}{r_E^2 - r_M^2} \quad \text{(Gl-3e)} \qquad r = \frac{r_E r_M D}{r_E^2 - r_M^2} \quad \text{(Gl-2f)}$$

Die Beziehungen Gl-3e und Gl-3f beschreiben den „Brezelkreis", der in Figur 4 schematisch dargestellt und rot markiert ist. Der „Brezelkreis"[9] ist somit die Summe aller Punkte $B(x,y)$, von denen aus betrachtet Mond und Erde gleich groß erscheinen. Einsetzen der Zahlenwerte aus Fußnote 6 ergibt gerundet $\delta \approx 31.000\,\text{km}$ und $r \approx 113.000\,\text{km}$.

3.3 „Houston, we've had a problem[10] ..."

Ich will die in Kapitel 3.1 beschriebene Aufgabe von Martin Gardner folgendermaßen fortsetzen:

Die Brezel parkt nun auf irgendeinem Punkt des in Kapitel 3.2 berechneten Brezelkreises und die Astronauten genießen dort den Ausblick, bei dem Erde und Mond gleich groß

---

[9] Es lässt sich zeigen, dass die Menge aller Punkte im dreidimensionalen Raum, von denen aus betrachtet Mond und Erde gleich groß aussehen, eine Kugeloberfläche ist.

[10] Funkspruch der Apollo 13 im Jahr 1970 nach der Explosion eines Sauerstofftanks auf dem Weg von der Erde zum Mond [12].

aussehen. Nun fällt bedauerlicherweise der Antrieb des Raumschiffes aus und die „Brezel"
ist dem Gravitationsfeld von Erde und Mond hilflos ausgeliefert.

Von welchen Punkten des Brezelkreises aus wird die Brezel direkt auf dem Mond bzw. der
Erde aufschlagen, d.h. ohne diese vorher zu umrunden?

4. Der Flug der Brezel – eigene Fortsetzung des ursprünglichen Rätsels als Anwendung der numerischen Integration

Nach der Darstellung der Gravitationskraft von Mond und Erde auf die Brezel, werden in
diesem Kapitel die Flugbahnen des Raumschiffs, die sich nach dem Ausfall des Antriebs
ergeben, berechnet.

4.1 Der Einfluss der Gravitationskraft von Mond und Erde auf ein Körper im Weltall

Von jedem Punkt in der Betrachtungsebene, an dem sich die Brezel befindet, wird das
Raumschiff durch die Gravitationskraft sowohl vom Mond (durch die Kraft $\vec{F}_M$), als auch
von der Erde (durch die Kraft $\vec{F}_E$) angezogen, wobei nach [7], Seite 84

$$\boxed{\left|\vec{F}_E\right| = G\,\frac{m_{Brezel}\cdot m_{Erde}}{d_E^2}} \quad \text{(Gl-4a)} \qquad \text{und} \qquad \boxed{\left|\vec{F}_M\right| = G\,\frac{m_{Brezel}\cdot m_{Mond}}{d_M^2}} \quad \text{(Gl-4b)}$$

gilt[11], mit d_E als Abstand der Mittelpunkte von Brezel und Erde und d_M als Abstand von
Brezel und Mond.

Diese Kräfte sind Vektoren, die von der Brezel zum Mond bzw. zur Erde gerichtet sind und
die vektoriell addiert werden müssen, um die resultierende Gesamtkraft zu erhalten (Figur 5).

---

[11] Wir rechnen mit Masse $m_{Mond} = 7,349 \cdot 10^{22}\,kg$ nach [11] und Masse $m_{Erde} = 5,974 \cdot 10^{24}\,kg$ nach [10] und
der Gravitationskonstanten $G = 6,673 \cdot 10^{-11}\,\dfrac{m^3}{kg \cdot s^2}$ [7], Seite 69.

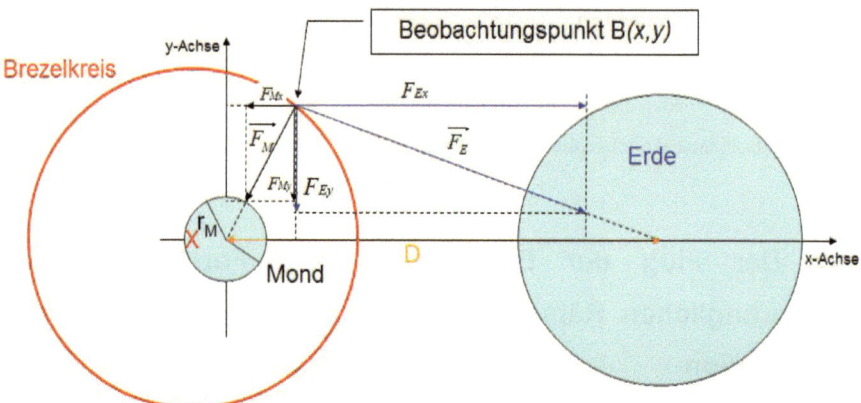

Figur 5: Schematische Darstellung der der kombinierten Gravitationskraft von Erde und Mond auf die Brezel. Gezeigt ist die Ausgangssituation zum Zeitpunkt t=0, bei dem sich die Brezel noch auf dem Brezelkreis befindet.

Entsprechend der Nebenrechnung in Anhang 4 erhält man für die Beschleunigung der Brezel durch die Gravitationskraft des Mondes:

$$\Rightarrow \quad a_{Mx} = \frac{F_{Mx}}{m_{Brezel}} = -G \cdot m_{Mond} \cdot \frac{x}{\left(x^2 + y^2\right)^{\frac{3}{2}}} \quad \text{(Gl-4c)}$$

$$\Rightarrow \quad a_{My} = \frac{F_{My}}{m_{Brezel}} = -G \cdot m_{Mond} \cdot \frac{y}{\left(x^2 + y^2\right)^{\frac{3}{2}}} \quad \text{(Gl-4d)}$$

In ähnlicher Weise findet man nach der Nebenrechnung in Anhang 5 für die Beschleunigung der Brezel durch die Gravitationskraft der Erde:

$$\Rightarrow \quad a_{Ex} = \frac{F_{Ex}}{m_{Brezel}} = G \cdot m_{Erde} \cdot \frac{D-x}{\left((D-x)^2 + y^2\right)^{\frac{3}{2}}} \quad \text{(Gl-4e)}$$

$$\Rightarrow \quad a_{Ey} = \frac{F_{Ey}}{m_{Brezel}} = -G \cdot m_{Erde} \cdot \frac{y}{\left((D-x)^2 + y^2\right)^{\frac{3}{2}}} \quad \text{(Gl-4f)}$$

Daraus folgt für den Vektor $\vec{a}$ der Gesamtbeschleunigung, die die Brezel durch die Gravitationskräfte von Mond und Erde erfährt:

$$\vec{a} = \begin{pmatrix} a_x \\ a_y \end{pmatrix} = \begin{pmatrix} a_{Ex} + a_{Mx} \\ a_{Ey} + a_{My} \end{pmatrix} = G \cdot \begin{pmatrix} \frac{m_{Erde}(D-x)}{((D-x)^2 + y^2)^{1,5}} - \frac{m_{Mond} \cdot x}{(x^2 + y^2)^{1,5}} \\ \frac{-m_{Erde} \cdot y}{((D-x)^2 + y^2)^{1,5}} - \frac{m_{Mond} \cdot y}{(x^2 + y^2)^{1,5}} \end{pmatrix} \quad \textbf{(Gl-4g)}$$

4.2 Simulation mit ruhendem Mond

Nach diesen Vorbereitungen soll nun zunächst unter der Näherung eines unbeweglichen Mondes mit dem in Anhang 6 dargestellten selbst geschriebenen QBasic-Programm eine Flugbahnberechnung durchgeführt werden.

Bei allen Berechnungen dieser Art liegt das Koodinatensystem im Mittelpunkt des Mondes. Die Position auf dem Brezelkreis, auf der die Brezel bei $t = 0$ parkt, wird bei der in Figur 6 gezeigten Ausgangssituation durch einen Startwinkel von rho=170,38 Grad gegen den Uhrzeigersinn in Bezug auf die x-Achse und vom Mittelpunkte des Brezelkreises aus beschrieben. Figur 6 zeigt die Ergebnisse der Flugbahnberechnungen für Zeitschrittweiten von 50s, 20s und 10s, jeweils mit dem symmetrisierten Verfahren berechnet. In der Darstellung nach Figur 6 entspricht der zeitliche Abstand zwischen zwei gezeigten aufeinander folgenden Punkten[12] stets 30.000s (also 8 Stunden und 20 Minuten). Die Druckschrittweite der Darstellung ist also erheblich größer als die Zeitschrittweite der Berechnung, so dass zwischen zwei abgebildeten aufeinanderfolgenden Punkten einige Hundert (der Übersichtlichkeit halber nicht gezeigte) weitere Rechenpunkte liegen.

Für Zeitpunkte $t > 0$ sieht man zunächst eine beschleunigte Bewegung der „Brezel" in Richtung Mond, was durch größer werdende Abstände aufeinanderfolgender Punkte deutlich wird. Das Raumschiff fliegt in einer Rechtskurve in sehr geringem Abstand[13] am Mond vorbei und bewegt sich dann in einer Linkskurve um die Erde. Dabei wird die Brezel immer schneller, was an den größeren Abständen aufeinander folgender Punkte deutlich wird, die stets den gleichen zeitlichen Abstand voneinander haben. Nach der Erdumrundung wird die „Brezel" wieder langsamer und bewegt sich auf den Mond zu, den sie in einer Rechtskurve umrundet.

Die Rechnung wurde für die drei Zeitschrittweiten 10s, 20s und 50s durchgeführt, um für nachfolgende Rechnungen eine Grundlage für die Wahl der Zeitschrittweite zu bekommen. Insgesamt liegen die gezeigten Berechnungspunkte der Bahnkurve für die drei Zeitschrittweiten sehr nahe zusammen (wesentlich näher als die in Figur 3 dargestellten Flugbahnen beim waagerechten Wurf). Allerdings zeigt sich im ersten Quadranten in Figur 6 nach der Umrundung der Erde für die Zeitschrittweite 50s (grüne Dreiecke) doch eine gewisse Abweichung von den beiden Bahnkurven mit 10s bzw. 20s Zeitschrittweite, die auch in

---

[12] Wir nennen diesen zeitlichen Abstand „Druckschrittweite".
[13] Das Programm in Anhang 4 ist sehr einfach gehalten und erkennt nicht, ob die „Brezel" hier auf den Mond aufschlägt, oder nicht. Die Programmversion in Anhang 5 wurde so geschrieben, daß ein Aufprall bemerkt wird.

19

diesem Bereich noch sehr nahe beieinander liegen. Daher wird für die Wahl der Zeitschrittweite 10s bei den folgenden Rechnungen als hinreichend genau angenommen[14].

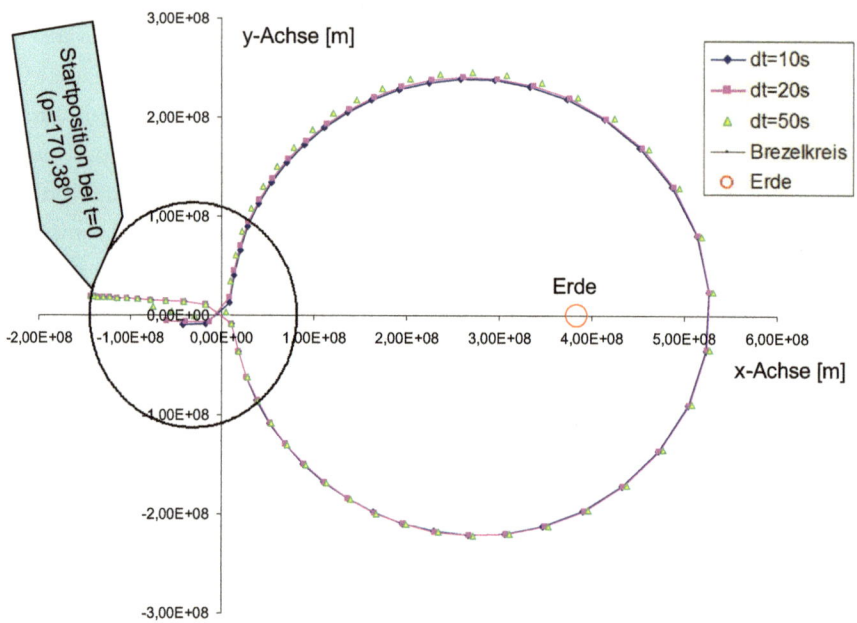

Figur 6: *Berechnung einer Flugbahn der „Brezel" mit der Vereinfachung eines unbewegten Mondes. Rechnung mit symmetrisiertem Verfahren und den Zeitschrittweiten 10s, 20s und 50s. Der zeitliche Abstand aufeinanderfolgender Punkte ist konstant und beträgt 8 Stunden und 20 Minuten (=30.000s).*

Mit dem Programm aus Anhang 6 (keine Berücksichtigung der Mondbewegung) wurden für vier besondere Startwinkel auf dem Brezelkreis die Flugbahnen berechnet und in Figur 7 dargestellt:

---

[14] Das Kriterium für die Wahl der Zeitschrittweite von 10s ist hier eher subjektiv motiviert, ließe sich aber auch quantifizierbar darstellen (was für die vorliegende Arbeit allerdings nicht von Bedeutung ist).

rho=0°	Die „Brezel" bewegt sich mit stark beschleunigter Bewegung geradlinig auf die Erde zu und schlägt dort auf.
rho=90°	Die „Brezel" bewegt sich auf einer durch den Gravitationseinfluss des Mondes etwas gekrümmten Bahn beschleunigt auf die Erde zu. Die Reduktion der Druckschrittweite von 30.000s auf 1.500s zeigt deutlich, dass es die „Brezel" die Erde in der Linkskurve tatsächlich trifft, da der letzte der gezeigten Punkte innerhalb der Erde liegen würde.
rho=180°	Die „Brezel" bewegt sich in geradlinig beschleunigter Bewegung auf den Mond zu und schlägt dort auf.
rho=270°	Die Kurve ist spiegelsymmetrisch zu der Kurve mit rho=90°; die „Brezel" schlägt auf der Erde auf.

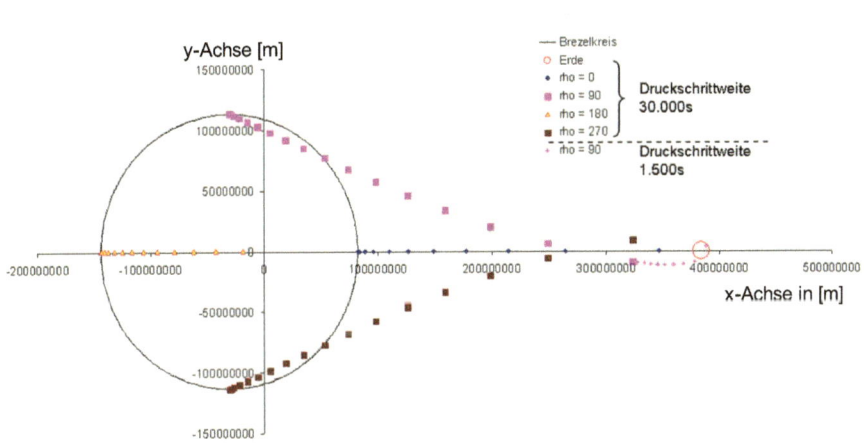

Figur 7: Flugbahnen der „Brezel" für die vier verschiedene Startwinkel 0°, 90°, 180° und 270° auf dem Brezelkreis. Bei rho=90° (und aus Symmetriegründen ebenfalls bei 270°) schlägt die „Brezel" auf der Erde auf, wie man an der Darstellung mit kürzerer Druckschrittweite (1.500s) erkennt.

4.3 Simulation mit bewegtem Mond

In einem weiteren Schritt soll nun die Bewegung des Mondes um die Erde in die Rechnungen einbezogen werden, wobei der Mond die Erde mit einer Umlaufdauer von T=2.360.622s (27 Tage und 7 Stunden und 43,7 Sekunden) in guter Näherung auf einer Kreisbahn einmal umrundet[15] [11]. Damit ergibt sich für den Mond eine Winkelgeschwindigkeit[16] von

$$\omega = \frac{2\pi}{T} = 2,6617 \cdot 10^{-6} s^{-1} \text{ (GL-4h).}$$

Daraus resultieren mit $\varphi = \omega \cdot t$ und dem Abstand der Mittelpunkte von Erde und Mond von 384.000km folgende Bahnkoordinaten des Mondes, wobei sich der Mond zum Zeitpunkt $t = 0$ im Ursprung des Koordinatensystems befinden soll (Figur 8):

$$x_{Mond} = 3,84 \cdot 10^8 m \cdot (1 - \cos(\omega \cdot t)) \qquad \text{(Gl-4i)}$$

und

$$y_{Mond} = 3,84 \cdot 10^8 m \cdot \sin(\omega \cdot t) \qquad \text{(Gl-4j)}$$

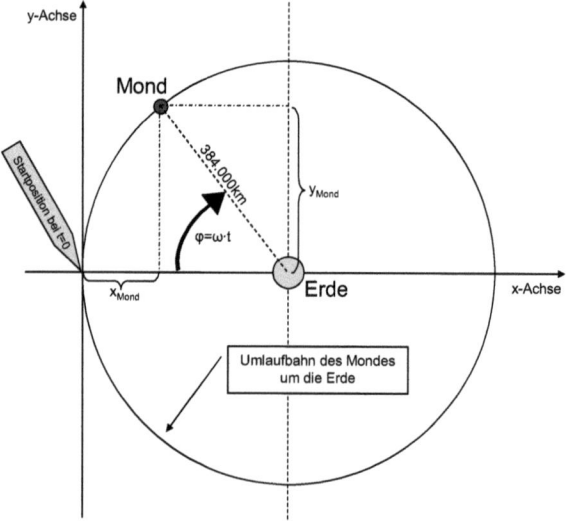

Figur 8: Schematische Darstellung zur Berechnung der Koordinaten des Mondes auf seiner Flugbahn. Vereinfachte Annahme: der Mond fliegt auf einer Kreisbahn mit dem Radius 384.000km um die Erde.

---

[15] Genau genommen bewegen sich Erde und Mond dabei um ihren gemeinsamen Schwerpunkt, was wir hier jedoch vernachlässigen wollen.
[16] Zur Definition der Winkelgeschwindigkeit ω siehe [7], Seite 87.

Zusätzlich wurde das Programm Anhang 7 so geändert, dass es beendet wird, falls eine Kollision mit Mond oder Erde erfolgt ist (d.h. der Abstand der „Brezel" von Mond bzw. Erde kleiner ist, als der entsprechende Radius von Mond bzw. Erde).

Für die folgenden Berechnungen wurde nach der Vorbetrachtung aus Kapitel 4.2 mit ruhendem Mond eine Zeitschrittweite von 10s bei der Rechnung gewählt. Die Druckschrittweite betrug wiederum 30.000s; lediglich bei der in Figur 9 gezeigten Erdumrundung wurde für die Druckschrittweite auf 3.000s reduziert, um die Flugbahn deutlicher darstellen zu können (siehe Legende in Figur 9).

Figur 9 zeigt eine Momentaufnahme 480.000s (5 Tage, 13 Stunden und 20 Minuten) nach dem Start von drei verschiedenen Startwinkeln auf dem Brezelkreis aus.

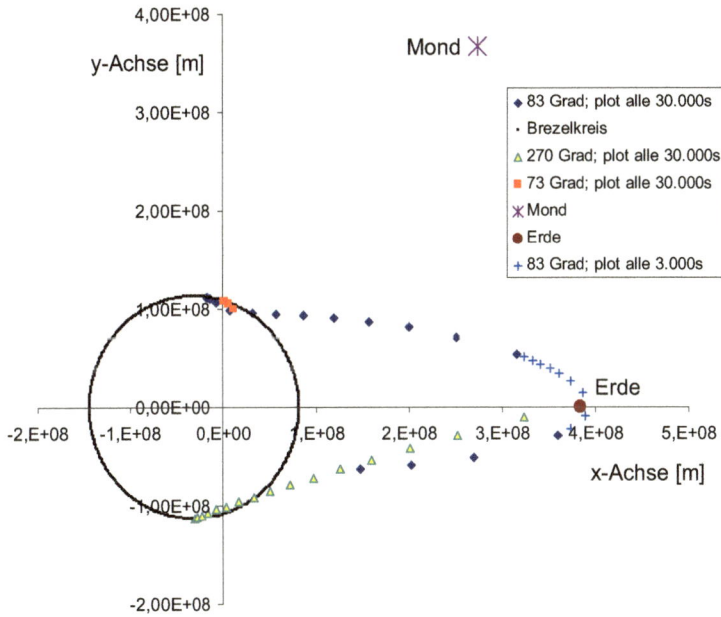

Figur 9: Flugbahn der „Brezel" von verschiedenen, durch die Startwinkel 73⁰, 83⁰ und 270⁰ beschrieben Positionen auf dem „Brezelkreis" aus. Gezeigt ist eine Momentaufnahme 480.000s nach dem Start. Hier wurde die Mondbewegung berücksichtigt.

rho=270^0	Von dem Startwinkel 270^0 aus bewegt sich die Brezel nahezu geradlinig auf die Erde zu und schlägt dort 491.000s (5d + 16h + 30min + 20s) nach dem Start; die Momentaufnahme nach Figur 9 zeigt die Situation also gut 3 Stunden vor der Kollision der „Brezel" mit der Erde. Der Mond hat hier praktisch kaum einen Gravitationseinfluss auf die Flugbahn, weil er sich ab $t = 0$ von der Brezel (in der Figur 9 nach oben) weg bewegt.
rho=83^0	Von dem Startwinkel 83^0 aus bewegt sich die „Brezel" zunächst durch den Einfluss des Mondes unter Beschleunigung in Figur 9 nach unten. Je weiter der Mond sich von seiner ursprünglichen Position im Ursprung des Koordinatensystems entfernt, desto stärker wird der Einfluss der Erde; Die „Brezel" wird weiter stark beschleunigt, umfliegt die Erde in sehr geringem Abstand, schlägt aber nicht auf und wird im Folgenden mit größer werdendem Abstand zur Erde wieder langsamer.
rho=73^0	Bei dem Startwinkel 73^0 endet die Flugbahn der „Brezel" nach sehr kurzer Zeit, weil sie bereits nach 94.000s (1d + 2h + 6min + 50s) mit dem Mond kollidiert. Figur 10 zeigt eine Momentaufnahme 90.000s nach dem Start, also kurz vor der Kollision mit dem Mond.

Die Momentaufnahme Figur 10 zeigt die Situation 90.000s nach dem Start.

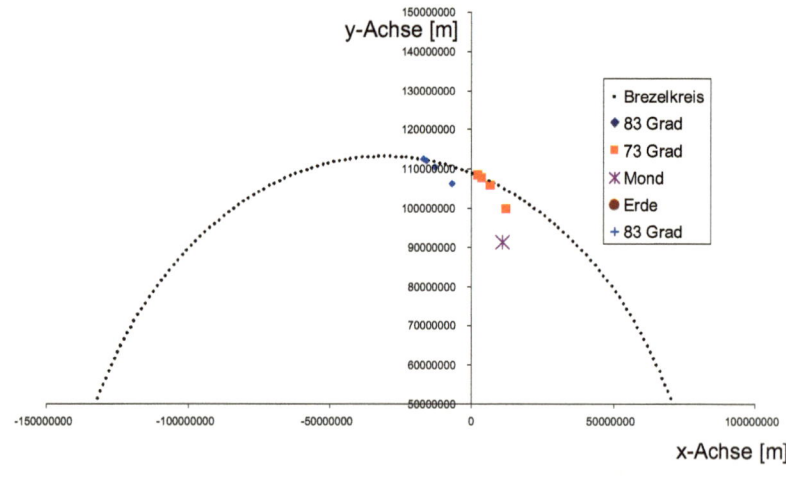

Figur 10: Momentaufnahme der Flugbahn der „Brezel" unter Berücksichtigung der Mondbewegung 90.000s nach dem Start.

24

Der Mond bewegt sich für $t > 0$ „nach oben" und damit der Brezel entgegen, wenn sie bei $t = 0$ auf dem Brezelkreis mit den Startwinkeln 73^0 (rote Quadrate in Figur 10) oder 83^0 (blaue Rauten in Figur 10) parkt. Während bei einem Startwinkel von 83^0 „Brezel" und Mond aneinander vorbei fliegen, kommt es bei einem Startwinkel von 73^0 gut eine Stunde nach der in Figur 10 gezeigten Momentaufnahme zur Kollision von „Brezel" und Mond.

Nachdem gezeigt wurde, dass - abhängig von der Startposition der „Brezel" auf dem „Brezelkreis" - eine direkte Kollision mit der Erde (z.B. bei rho=270^0) oder mit dem Mond (z.B. bei rho=73^0) möglich sind, aber auch eine Umrundung der Erde erfolgen kann (z.B. bei rho=83^0), wurde das Computerprogramm in Anhang 8 so erweitert, dass in einem einzigen Programmdurchlauf für alle Winkel zwischen 0^0 und 360^0 im Winkelabstand von 1^0 ermittelt wurde, welches der drei genannten Ereignisse jeweils eintritt. Das Ergebnis ist tabellarisch in Tabelle 1 und grafisch in Figur 11 gezeigt.

Startwinkel der Brezel auf dem Brezelkreis	Ereignis
[0°;68°]	Erde direkt getroffen
[69°;71°]	Keine direkte Kollision
[72°;75°]	Mond direkt getroffen
[76°;83°]	Keine direkte Kollision
[84°;359°]	Erde direkt getroffen

Tabelle 1: Intervalle der Startwinkel der „Brezel" auf dem „Brezelkreis", von denen aus die Erde oder der Mond direkt getroffen werden bzw. es zu keiner unmittelbaren Kollision kommt und die Erde mindestens einmal umrundet wird.

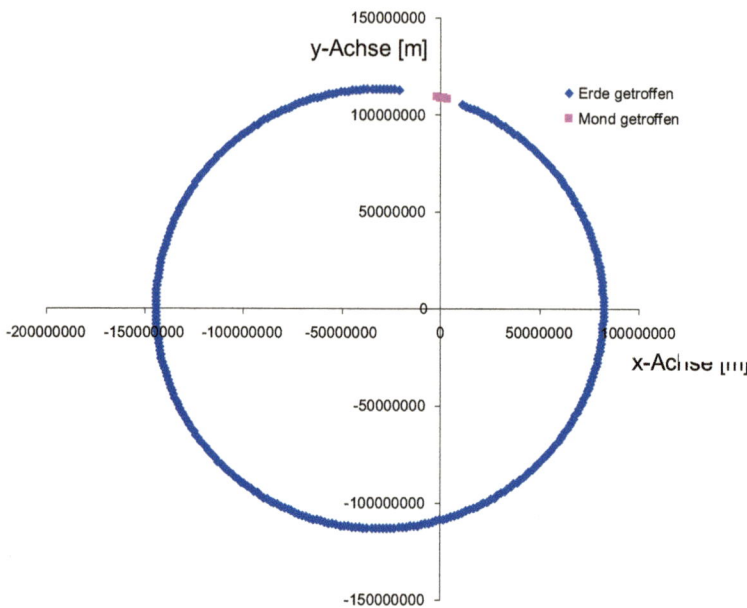

Figur 11: Schematische Darstellung der Startpositionen auf dem "Brezelkreis", von denen aus es zu einer direkten Kollision mit der Erde (blau markierter Bereich) oder dem Mond (rosa markierter Bereich) kommt. In den nicht markierten Bereichen ergeben sich komplizierte Flugbahnen mit Erdumrundung und ohne unmittelbare Kollision.

Offensichtlich ist die in Figur 7 zum Ausdruck gekommene Symmetrie der Flugbahnen bei Startwinkeln rho und –rho bei Berücksichtigung der Mondbewegung nicht mehr vorhanden. Erwartungsgemäß führt die Mondbewegung in der Darstellungsebene der Figur 11 zu einem Bruch der Symmetrie.

5. Auswertung und Ausblick

Ausgangspunkt der vorliegenden Arbeit war ein an sich relativ einfach zu lösendes mathematisches Rätsel des Wissenschaftsjournalisten Martin Gardner, in dem es um das Raumschiff „Brezel" ging. Ich habe das Rätsel dahin weitergeführt, dass die Flugbahn der „Brezel" im Gravitationsfeld von Erde und Mond nach dem Ausfall des Antriebs berechnet werden soll, was numerische Verfahren zur Lösung von Differentialgleichungen erfordert.

Numerische Verfahren der Integration gewöhnlicher Differentialgleichungen liefern im Gegensatz zu analytisch exakt erreichbaren Lösungen stets nur mehr oder weniger gute Näherungen an das exakte Ergebnis. Eine Herausforderung an die numerischen Verfahren besteht darin, das Verhältnis von Rechenaufwand zur Genauigkeit der Rechnung zu optimieren. Am Beispiel des waagerechten Wurfes wurde gezeigt, dass man durch geeignete Maßnahmen die Genauigkeit der numerischen Rechnung erhöhen kann:

> ➤ Durch die Wahl einer kleineren Zeitschrittweite wird das Ergebnis der numerischen Rechnung genauer, allerdings steigt dabei der Rechenaufwand.

> ➤ Durch die Symmetrisierung des Differenzenquotienten steigt – im Vergleich zum Euler-Verfahren – die Genauigkeit der Rechnung (bei vergleichbarem Rechenaufwand).

Es gibt aber noch weitere Möglichkeiten, um das Verhältnis von Rechenaufwand zur Genauigkeit zu optimieren:

In der vorliegenden Arbeit wurde bei einer Rechnung stets mit derselben Zeitschrittweite gerechnet. Allerdings gibt es bei komplexen Flugbahnen sicher Bereiche, in denen sich die wirkenden Kräfte innerhalb kurzer Distanzen stark verändern (etwa beim Vorbeiflug der „Brezel" in sehr kurzer Distanz zu Erde oder Mond), was massiven Einfluss auf die Flugbahn hat. Andererseits verlaufen die Flugbahnen in weiten Bereichen ohne starke Krümmungen, so dass es sinnvoll erscheint, die Zeitschrittweite den lokalen Gegebenheiten geeignet anzupassen. Auf diese Weise könnte man erreichen, dass in kritischen Phasen der Flugbahnberechnung mit erhöhtem Rechenaufwand gearbeitet wird, während in unkritischen Bereichen Rechenaufwand sinnvoll eingespart wird. Für die Umsetzung eines solchen Konzeptes bräuchte man Kriterien, anhand derer das Programm eigenständig erkennt, an welchen Stellen es „engmaschiger" bzw. großzügiger rechnen kann. Ein solches Kriterium könnte am Beispiel der Berechnung einer Flugbahn die lokale Krümmung sein.

An dieser Stelle sollte als Ausblick weiterer Optimierungsmöglichkeiten auch das sogenannte Runge-Kutta-Verfahren der numerischen Integration erwähnt werden. Ausgangspunkt ist wiederum die schrittweise Integration mittels der Beziehung

$$x(t + \Delta t) = x(t) + \int_{t}^{t+\Delta t} \dot{x}(t)dt \quad \text{(Gl-7a)}.$$

Während das in Gl-7a auftretende Integral in dieser Arbeit bei dem Euler-Verfahren (Gl-2j) und auch bei dem symmetrisierten Verfahren (Gl-2o) linear angenähert wurde, werden im Runge-Kutta-Verfahren wesentlich genauere Näherungen durchgeführt ([13], Seite 565ff. und [3], Seite 15ff.).

Bei der speziellen Problematik des Raumschiffs „Brezel" im Rahmen der ergänzten Aufgabenstellung ihres Antriebsausfalls sollte im Ausblick ein weiterer Aspekt nicht unberücksichtigt bleiben: Man sollte an zuverlässigeren Antrieben für die „Brezel" arbeiten, damit sie nicht hilflos Gravitationsfeldern ausgesetzt ist, die zu unsanften Landungen auf Mond oder Erde führen können.

Es ist bemerkenswert, dass sich die Rechnungen dieser Arbeit mit einem einfachen QBasic-Programm auf einem eher leistungsschwachen Heim-Computer durchführen ließen. Aber angeblich soll die Rechenleistung der ersten Mondlandefähre auch nur die eines Commodore 64 gewesen sein [14].

Quellenverzeichnis

[1]   J. Naas, H.L. Schmid: Mathematisches Wörterbuch, Akademie-Verlag Berlin, B.G. Teubner-Verlag Stuttgart, 1974

[2]   H. Amann: Gewöhnliche Differentialgleichungen, Walter de Gruyter-Verlag Berlin New York, 1983

[3]   J. Dankert: Numerische Integration von Anfangswertproblemen, Teil 1 (Grundlagen). Internet-Ergänzung des Lehrbuchs „Dankert/Dankert: Technische Mechanik" http://www.tm-aktuell.de/PDF/AWPTeil1.pdf, abgerufen 25.09.2011[17]

[4]   Peter Riegler: Kurzeinführung in die numerische Integration.. Fachhochschule Braunschweig/Wolfenbüttel. September 2003 http://public.fh-wolfenbuettel.de/~riegler/Mathematik3/numint.pdf, abgerufen 25.09.2011[17]

[5]   K. Strubecker: Einführung in die höhere Mathematik, Oldenbourg-Verlag München Wien, 1967

[6]   MS-DOS QBasic, Version 1.1, Microsoft Corporation, 1987-1992

[7]   Frank-Martin Becker et al: Formelsammlung bis zum Abitur – Formeln, Tabellen, Daten, DUDEN PAETEC Schulbuchverlag, 2010

[8]   http://de.wikipedia.org/wiki/Martin_Gardner, zuletzt abgerufen am 25.09.2011[17]

[9]   Martin Gardner: Denkspiele aus der Zukunft, Heinrich Hugendubel Verlag, München, 1981

[10]   http://de.wikipedia.org/wiki/Erde, zuletzt abgerufen am 25.09.2011[17]

[11]   http://de.wikipedia.org/wiki/Mond, zuletzt abgerufen am 25.09.2011[17]

[12]   http://de.wikipedia.org/wiki/Apollo_13, zuletzt abgerufen am 25.09.2011[17]

[13]   M. Hanke-Bourgeois: Grundlagen der Numerischen Mathematik und des Wissenschaftlichen Rechnens, B.G. Teubner-Verlag Wiesbaden, 2006

[14]   http://lexikon.astronomie.info/satelliten/apollo30/didyouknow.html, abgerufen 25.09.2011[17]

[15]   Alle Schaubilder der Arbeit wurden eigenständig mit Microsoft Office 2003 erstellt.

---

[17] Alle genannten Quellen aus dem Internet waren wenigstens bis zum 25.September 2011 im Internet unter den angegebenen Adressen verfügbar; alle Inhalte sind auf der beigefügten CD im pdf-Format gespeichert, ebenso wie QBasic [6].

Anhänge

Anhang 1: Waagerechter Wurf mit Euler-Methode

(Hier wie auch bei den nachfolgend gezeigten QBasic-Programmen sind die ausführbaren Programmbefehle blau geschrieben und die Kommentare orange).

```
'Speicherung der Ergebnisse in eine Datei:
OPEN "c:\temp\Ergebnis.txt" FOR OUTPUT AS #1
'Bildschirm löschen:
CLS
'************Anfangsbedingungen***************
dt = .1          'Zeitschrittweite =0,1s
t = 0            'Die Rechnung soll bei t=0s anfangen
yneu = 10        'y-Koordinate zum Anfang der Rechnung: y(t=0)=10m
xneu = 0         'x-Koordinate zum Anfang der Rechnung: x(t=0)=0m
vx = 1           'Geschwindigkeit in x-Richtung ist konstant 1m/s
vyneu=0          'Geschwindigkeit senkrecht zur Erdoberfläche ist 0m/s bei t=0s
ay = -9.81       'Erdbeschleunigung; negativ, da entgegen der y-Achse
'************Iteration mit Euler-Verfahren******************
FOR n = 1 TO 999     'Berechnung für 999 Zeitschritte
    t = t + dt

    xalt = xneu
    yalt = yneu
    vyalt = vyneu

    xneu = xalt + vx * dt
    yneu = yalt + vyalt * dt
    vyneu = vyalt + ay * dt

    'Ausgabe in die Ergebnisdatei:
    PRINT #1, "t="; t, "x="; xneu, "y="; yneu, "vy="; vyneu
NEXT n
'*****************************************

END
```

Anhang 2: Waagerechter Wurf mit symmetrisierter Methode:

```
'Speicherung der Ergebnisse in eine Datei:
OPEN "c:\temp\Ergebnis.txt" FOR OUTPUT AS #1
'Bildschirm löschen:
CLS
'*************Anfangsbedingungen***************
dt = .2            'Zeitschrittweite =0,2s
yalt = 10          'y-Koordinate zum Anfang der Rechnung: y(t=0)=10m
xalt = 0           'x-Koordinate zum Anfang der Rechnung: x(t=0)=0m
vx = 1             'Geschwindigkeit in x-Richtung ist konstant 1m/s
vyalt = 0          'Geschwindigkeit senkrecht zur Erdoberfläche ist 0m/s bei t=0s
ay = -9.81         'Erdbeschleunigung; negativ, da entgegen der y-Achse
'*********Erster Zeitschritt nach Euler************
     xneu = xalt + vx * dt
     yneu = yalt + vyalt * dt
     vyneu = vyalt + ay * dt
     PRINT #1, "n="; 1, "t="; dt, "x="; xneu, "y="; yneu, "vy="; vyneu
'*****Zeitschritte mit symmetrisiertem Verfahren****************
FOR n = 1 TO 1000
     xganzalt = xalt
     yganzalt = yalt
     vyganzalt = vyalt

     xalt = xneu
     yalt = yneu
     vyalt = vyneu

     xneu = xganzalt + 2 * vx * dt
     yneu = yganzalt + 2 * vyalt * dt
     vyneu = vyganzalt + 2 * ay * dt

     'Ausgabe in die Ergebnisdatei:
     PRINT #1, "n="; n + 1, "t="; (n + 1) * dt, "x="; xneu, "y="; yneu, "vy="; vyneu
NEXT n
'***********************************************

END
```

Anhang 3: Nebenrechnung zum „Brezelkreis“:

Aus $r_M \cdot d_E = r_E \cdot d_M$ folgt mit $d_M = \sqrt{x^2 + y^2}$ und $d_E = \sqrt{(D-x)^2 + y^2}$:

$$r_M \cdot \sqrt{(D-x)^2 + y^2} = r_E \cdot \sqrt{x^2 + y^2}$$

$$\Rightarrow r_M^2[(D-x)^2 + y^2] = r_E^2 \cdot [x^2 + y^2]$$

$$\Rightarrow r_M^2(D-x)^2 + r_M^2 y^2 = r_E^2 x^2 + r_E^2 y^2$$

$$\Rightarrow r_E^2 y^2 - r_M^2 y^2 = r_M^2(D-x)^2 - r_E^2 x^2$$

$$\Rightarrow r_E^2 y^2 - r_M^2 y^2 = r_M^2(D^2 - 2Dx + x^2) - r_E^2 x^2$$

$$\Rightarrow r_E^2 y^2 - r_M^2 y^2 = r_M^2 D^2 - 2r_M^2 Dx + r_M^2 x^2 - r_E^2 x^2$$

$$\Rightarrow y^2(r_E^2 - r_M^2) = x^2(r_M^2 - r_E^2) - 2r_M^2 Dx + r_M^2 D^2$$

$$\Rightarrow y^2(r_E^2 - r_M^2) = x^2(r_M^2 - r_E^2) + r_M^2 D(-2x + D)$$

Für den hier gegebenen Fall $r_M \neq r_E$ ergibt sich daraus:

$$\Rightarrow y^2 = -x^2 + \frac{r_M^2 D(D - 2x)}{r_E^2 - r_M^2} \qquad \text{(Gl-3d)}$$

$$\Rightarrow y^2 = -x^2 + \frac{r_M^2 D^2}{r_E^2 - r_M^2} - \frac{2r_M^2 Dx}{r_E^2 - r_M^2} \qquad \text{(Gl-Ia)}$$

Ein Kreis mit dem Mittelpunkt $(-\delta, 0)$ und dem Radius r hat nach [7] (Seite 41) die Darstellung

$$r^2 = (x + \delta)^2 + y^2$$

$$\Rightarrow r^2 = x^2 + 2\delta x + \delta^2 + y^2$$

$$\Rightarrow y^2 = -x^2 + r^2 - \delta^2 - 2\delta x \quad \text{(Gl-Ib)}$$

Ein Vergleich von Gl-Ia mit Gl-Ib zeigt, dass beide identisch sind, wenn folgende Bedingungen a) und b) erfüllt sind:

a) $\dfrac{2r_M^2 Dx}{r_E^2 - r_M^2} = 2\delta x \Rightarrow \delta = \dfrac{r_M^2 D}{r_E^2 - r_M^2}$ (Gl-3e)

b) $r^2 - \delta^2 = \dfrac{r_M^2 D^2}{r_E^2 - r_M^2} \qquad \Rightarrow r^2 = \delta^2 + \dfrac{r_M^2 D^2}{r_E^2 - r_M^2}$

Durch Einsetzen von Gl-3e und durch Erweitern des zweiten Summanden zum gemeinsamen Nenner $(r_E^2 + r_M^2)^2$ erhält man:

$$r^2 = \frac{r_M^4 D^2}{(r_E^2 - r_M^2)^2} + \frac{r_M^2 D^2}{r_E^2 - r_M^2} \cdot \frac{r_E^2 - r_M^2}{r_E^2 - r_M^2}$$

$$\Rightarrow r^2 = \frac{r_M^4 D^2}{(r_E^2 - r_M^2)^2} + \frac{r_M^2 r_E^2 D^2 - r_M^4 D^2}{(r_E^2 - r_M^2)^2}$$

$$\Rightarrow r^2 = \frac{r_M^4 D^2 + r_M^2 r_E^2 D^2 - r_M^4 D^2}{(r_E^2 - r_M^2)^2} = \frac{r_M^2 r_E^2 D^2}{(r_E^2 - r_M^2)^2} \qquad \Rightarrow r = \frac{r_E r_M D}{r_E^2 - r_M^2} \quad \text{(Gl-3f)}$$

Anhang 4: Beschleunigung der Brezel durch die Gravitationskraft des Mondes:

$\left|F_{Mx}\right|$ und $\left|F_{My}\right|$ verhalten sich in Figur 5 nach den Rechenregeln der zentrischen Streckung zu $\left|\vec{F}_M\right|$ folgendermaßen:

$$\frac{x}{\sqrt{x^2+y^2}} = \frac{\left|F_{Mx}\right|}{\left|\vec{F}_M\right|} \quad \Rightarrow \left|F_{Mx}\right| = \left|\vec{F}_M\right| \cdot \frac{x}{\sqrt{x^2+y^2}}$$

$$\frac{y}{\sqrt{x^2+y^2}} = \frac{\left|F_{My}\right|}{\left|\vec{F}_M\right|} \quad \Rightarrow \left|F_{My}\right| = \left|\vec{F}_M\right| \cdot \frac{y}{\sqrt{x^2+y^2}}$$

Durch Einsetzen der Beziehung Gl-4b für $\left|\vec{F}_M\right|$ und Berücksichtigung von $d_M = \sqrt{x^2+y^2}$ erhält man:

$$\Rightarrow \left|F_{Mx}\right| = G \cdot \frac{m_{Brezel} \cdot m_{Mond}}{d_M^2} \cdot \frac{x}{\sqrt{x^2+y^2}} = G \cdot \frac{m_{Brezel} \cdot m_{Mond}}{x^2+y^2} \cdot \frac{x}{\sqrt{x^2+y^2}} = G \cdot \frac{m_{Brezel} \cdot m_{Mond} \cdot x}{\left(x^2+y^2\right)^{\frac{3}{2}}}$$

$$\Rightarrow \left|F_{My}\right| = G \cdot \frac{m_{Brezel} \cdot m_{Mond}}{d_M^2} \cdot \frac{y}{\sqrt{x^2+y^2}} = G \cdot \frac{m_{Brezel} \cdot m_{Mond}}{x^2+y^2} \cdot \frac{y}{\sqrt{x^2+y^2}} = G \cdot \frac{m_{Brezel} \cdot m_{Mond} \cdot y}{\left(x^2+y^2\right)^{\frac{3}{2}}}$$

Aus den Newtonschen Bewegungsgleichungen in der Form

$$F_{Mx} = m_{Brezel} \cdot a_{Mx} \quad \Rightarrow a_{Mx} = \frac{F_{Mx}}{m_{Brezel}} \text{ bzw.}$$

$$F_{My} = m_{Brezel} \cdot a_{My} \quad \Rightarrow a_{My} = \frac{F_{My}}{m_{Brezel}}$$

folgt unter Berücksichtigung der Vorzeichen für die Richtung der Kraft:

$$\Rightarrow \quad a_{Mx} = \frac{F_{Mx}}{m_{Brezel}} = -G \cdot m_{Mond} \cdot \frac{x}{\left(x^2+y^2\right)^{\frac{3}{2}}} \quad \text{(Gl-4c)}$$

$$\Rightarrow \quad a_{My} = \frac{F_{My}}{m_{Brezel}} = -G \cdot m_{Mond} \cdot \frac{y}{\left(x^2+y^2\right)^{\frac{3}{2}}} \quad \text{(Gl-4d)}$$

$\left|F_{Ex}\right|$ und $\left|F_{Ey}\right|$ verhalten sich in Figur 5 nach den Rechenregeln der zentrischen Streckung zu $\left|F_E\right|$ folgendermaßen:

$$\frac{D-x}{\sqrt{(D-x)^2+y^2}}=\frac{\left|F_{Ex}\right|}{\left|\vec{F}_E\right|} \quad \Rightarrow \left|F_{Ex}\right|=\left|\vec{F}_E\right|\cdot\frac{D-x}{\sqrt{(D-x)^2+y^2}}$$

$$\frac{y}{\sqrt{(D-x)^2+y^2}}=\frac{\left|F_{Ey}\right|}{\left|\vec{F}_E\right|} \quad \Rightarrow \left|F_{Ey}\right|=\left|\vec{F}_E\right|\cdot\frac{y}{\sqrt{(D-x)^2+y^2}}$$

Durch Einsetzen der Beziehung Gl-4a für $\left|\vec{F}_E\right|$ und Berücksichtigung von $d_E=\sqrt{(D-x)^2+y^2}$ erhält man:

$$\Rightarrow \left|F_{Ex}\right|=G\cdot\frac{m_{Brezel}\cdot m_{Erde}}{d_E^2}\cdot\frac{D-x}{\sqrt{(D-x)^2+y^2}}=G\cdot\frac{m_{Brezel}\cdot m_{Erde}}{(D-x)^2+y^2}\cdot\frac{D-x}{\sqrt{(D-x)^2+y^2}}$$

$$\Rightarrow \left|F_{Ex}\right|=G\cdot\frac{m_{Brezel}\cdot m_{Erde}\cdot(D-x)}{((D-x)^2+y^2)^{\frac{3}{2}}}$$

$$\Rightarrow \left|F_{Ey}\right|=G\cdot\frac{m_{Brezel}\cdot m_{Erde}}{d_E^2}\cdot\frac{y}{\sqrt{(D-x)^2+y^2}}=G\cdot\frac{m_{Brezel}\cdot m_{Erde}}{(D-x)^2+y^2}\cdot\frac{y}{\sqrt{(D-x)^2+y^2}}$$

$$\Rightarrow \left|F_{Ey}\right|=G\cdot\frac{m_{Brezel}\cdot m_{Erde}\cdot y}{((D-x)^2+y^2)^{\frac{3}{2}}}$$

Aus den Newtonschen Bewegungsgleichungen in der Form

$$F_{Ex}=m_{Brezel}\cdot a_{Ex} \quad \Rightarrow a_{Ex}=\frac{F_{Ex}}{m_{Brezel}} \text{ bzw.}$$

$$F_{Ey}=m_{Brezel}\cdot a_{Ey} \quad \Rightarrow a_{Ey}=\frac{F_{Ey}}{m_{Brezel}}$$

folgt unter Berücksichtigung der Vorzeichen für die Richtung der Kraft:

$$\Rightarrow \quad a_{Ex}=\frac{F_{Ex}}{m_{Brezel}}=G\cdot m_{Erde}\cdot\frac{D-x}{\left((D-x)^2+y^2\right)^{\frac{3}{2}}} \quad \text{(Gl-4e)}$$

$$\Rightarrow \quad a_{Ey}=\frac{F_{Ey}}{m_{Brezel}}=-G\cdot m_{Erde}\cdot\frac{y}{\left((D-x)^2+y^2\right)^{\frac{3}{2}}} \quad \text{(Gl-4f)}$$

Anhang 6: Starrer Mond mit Symmetrisierung:

```
'Speichern der berechneten Daten in eine Datei auf der Festplatte
'(Die Daten koennen in Excel eingelesen und weiter verarbeitet werden.):
OPEN "c:\temp\Ergebnis.txt" FOR OUTPUT AS #1
'Ausgabebildschirm loeschen:
CLS

'*************Initialisierung******************
t = 0
n = 0
xalt = 0: xneu = 0
yalt = 0: yneu = 0
vxalt = 0: vxneu = 0
vyalt = 0: vyneu = 0
axalt = 0: axneu = 0
ayalt = 0: ayneu = 0
gravconst = 6.673E-11   'Gravitationskonstante
'Mittelpunkt delta (auf negativer x-Achse) und Radius des Brezelkreises:
delta = 30911272: radius = 113249437

'*************Anfangsbedingungen***************
'Eingabe der Zeitschrittweite:
INPUT "dt"; dt
PRINT
'Zahl der Iterationsschritte, die berechnet werden:
INPUT "Wieviele Iterationsschritte"; nn
PRINT
'Eingabe des Zeitintervalls zwischen zwei aufeinanderfolgenden gedruckten Datenpunkten:
INPUT "Druckschrittweite"; s
PRINT
'Winkel zur Definition des Startpunktes auf dem Brezelkreis:
INPUT "rho(degree)="; rho        'Der Winkel rho wird hier im Gradmaß eingegeben
PRINT #1, "rho(degree)="; rho
rho = rho * 2 * 3.1415926# / 360  'Umrechnung von rho ins Bogenmass
PRINT
PRINT #1,  'Beschriftung der Spalten in der Ergebnisdatei
PRINT #1, "x", "y"

'*************Berechnung fuer t=0***************
xalt = radius * COS(rho) – delta  'Berechnung der x-Startkoordinate (bei t=0s)
yalt = radius * SIN(rho)          'Berechnung der y-Startkoordinate (bei t=0s)

'Berechnung der Startbeschleunigung nach Gl-4a:
axalt = -gravconst * 7.349E+22 * xalt / (xalt ^ 2 + yalt ^ 2) ^ 1.5
axalt = axalt + gravconst * 5.974E+24 * (384000000 - xalt) / ((384000000 - xalt) ^ 2 + yalt ^
2) ^ 1.5
ayalt = -gravconst * 7.349E+22 * yalt / (xalt ^ 2 + yalt ^ 2) ^ 1.5
ayalt = ayalt - gravconst * 5.974E+24 * yalt / ((384000000 - xalt) ^ 2 + yalt ^ 2) ^ 1.5

PRINT #1, xalt, yalt, "n="; n, "t="; t
```

```
'*************Erster Schritt (mit dem Verfahren nach Euler)***************
xneu = xalt + vxalt * dt
yneu = yalt + vyalt * dt
vxneu = vxalt + axalt * dt
vyneu = vyalt + ayalt * dt
axneu = -gravconst * 7.349E+22 * xneu / (xneu ^ 2 + yneu ^ 2) ^ 1.5
axneu = axneu + gravconst * 5.974E+24 * (384000000 - xneu) / ((384000000 - xneu) ^ 2 +
yneu ^ 2) ^ 1.5
ayneu = -gravconst * 7.349E+22 * yneu / (xneu ^ 2 + yneu ^ 2) ^ 1.5
ayneu = ayneu - gravconst * 5.974E+24 * yneu / ((384000000 - xneu) ^ 2 + yneu ^ 2) ^ 1.5
'*************Alle weiteren Schritte mit Symmetrisierung******************
FOR n = 1 TO nn
        t = t + dt

    xganzalt = xalt
    yganzalt = yalt
    vxganzalt = vxalt
    vyganzalt = vyalt
    axganzalt = axalt
    ayganzalt = ayalt

    xalt = xneu
    yalt = yneu
    vxalt = vxneu
    vyalt = vyneu
    axalt = axneu
    ayalt = ayneu

    xneu = xganzalt + 2 * vxalt * dt
    yneu = yganzalt + 2 * vyalt * dt
    vxneu = vxganzalt + 2 * axalt * dt
    vyneu = vyganzalt + 2 * ayalt * dt
    axneu = -gravconst * 7.349E+22 * xneu / (xneu ^ 2 + yneu ^ 2) ^ 1.5
    axneu = axneu + gravconst * 5.974E+24 * (384000000 - xneu) / ((384000000 - xneu) ^ 2
        + yneu ^ 2) ^ 1.5
    ayneu = -gravconst * 7.349E+22 * yneu / (xneu ^ 2 + yneu ^ 2) ^ 1.5
    ayneu = ayneu - gravconst * 5.974E+24 * yneu / ((384000000 - xneu) ^ 2 + yneu ^ 2) ^
        1.5

    'Es soll nur eine Ausgabe erfolgen, wenn der aktuelle Zeitwert t ein ganzzahliges
     Vielfaches der Druckschrittweite s ist:
    ss = t / s
    IF ss = INT(ss) THEN
        PRINT #1, xneu, yneu, "n="; n, "t="; t, "d1="; d1, "d2="; d2, "vx="; vxneu, "vy=";
            vyneu, "ax="; axneu, "ay="; ayneu
    END IF
NEXT n
'************************************
END
```

Anhang 7: Bewegter Mond mit Symmetrisierung:

```
'Speichern der berechneten Daten in eine Datei auf der Festplatte
'(Die Daten koennen in Excel eingelesen und weiter verarbeitet werden.):
OPEN "c:\temp\Ergebnis.txt" FOR OUTPUT AS #1
'Ausgabebildschirm loeschen:
CLS

'*************Initialisierung******************
t = 0
n = 0
xalt = 0: xneu = 0
yalt = 0: yneu = 0
vxalt = 0: vxneu = 0
vyalt = 0: vyneu = 0
axalt = 0: axneu = 0
ayalt = 0: ayneu = 0
gravconst = 6.673E-11   'Gravitationskonstante
'Mittelpunkt delta (auf negativer x-Achse) und Radius des Brezelkreises:
delta = 30911272: radius = 113249437

'*************Anfangsbedingungen**************
'Eingabe der Zeitschrittweite:
INPUT "dt"; dt
PRINT
'Zahl der Iterationsschritte, die berechnet werden:
INPUT "Wieviele Iterationsschritte"; nn
PRINT
'Eingabe des Zeitintervalls zwischen zwei aufeinanderfolgenden gedruckten Datenpunkten:
INPUT "Druckschrittweite"; s
PRINT
'Winkel zur Definition des Startpunktes auf dem Brezelkreis:
INPUT "rho(degree)="; rho        'Der Winkel rho wird hier im Gradmaß eingegeben
PRINT #1, "rho(degree)="; rho
rho = rho * 2 * 3.1415926# / 360  'Umrechnung von rho ins Bogenmass
PRINT
'Die Rechnung kann mit oder ohne Bewegung des Mondes um die Erde durchgefuehrt
    werden:
INPUT "Soll sich der Mond bewegen?(j/n)"; a$

PRINT #1, "dt="; dt
PRINT #1, "Iterationsschritte: "; nn

IF a$ = "j" THEN
    PRINT #1, "Mond bewegt sich."
END IF
IF a$ = "n" THEN
    PRINT #1, "Mond bleibt im Ursprung."
    xmond = 0: ymond = 0
END IF
```

```
PRINT #1,  'Beschriftung der Spalten in der Ergebnisdatei
PRINT #1, "x", "y"

'************* Berechnung fuer t=0***************
xalt = radius * COS(rho) – delta        'Berechnung der x-Startkoordinate (bei t=0s)
yalt = radius * SIN(rho)                 'Berechnung der y-Startkoordinate (bei t=0s)

'Berechnung der Startbeschleunigung nach Gl-4a:
axalt = -gravconst * 7.349E+22 * xalt / (xalt ^ 2 + yalt ^ 2) ^ 1.5
axalt = axalt + gravconst * 5.974E+24 * (384000000 - xalt) / ((384000000 - xalt) ^ 2 + yalt ^
    2) ^ 1.5
ayalt = -gravconst * 7.349E+22 * yalt / (xalt ^ 2 + yalt ^ 2) ^ 1.5
ayalt = ayalt - gravconst * 5.974E+24 * yalt / ((384000000 - xalt) ^ 2 + yalt ^ 2) ^ 1.5

PRINT #1, xalt, yalt, "n="; n, "t="; t
'*************Erster Schritt (mit dem Verfahren nach Euler)***************
'Mondkoordinaten ändern sich nur, falls Mondbewegung gewählt wurde (a$="j")
IF a$ = "j" THEN
xmond = 384000000 * (1 - COS(2.6617E-06 * dt))
ymond = 384000000 * SIN(2.6617E-06 * dt)
END IF

xneu = xalt + vxalt * dt
yneu = yalt + vyalt * dt
vxneu = vxalt + axalt * dt
vyneu = vyalt + ayalt * dt
axneu = -gravconst * 7.349E+22 * (xneu - xmond) / ((xneu - xmond) ^ 2 + (yneu - ymond) ^
    2) ^ 1.5
axneu = axneu + gravconst * 5.974E+24 * (384000000 - xneu) / ((384000000 - xneu) ^ 2 +
    yneu ^ 2) ^ 1.5
ayneu = -gravconst * 7.349E+22 * (yneu - ymond) / ((xneu - xmond) ^ 2 + (yneu - ymond) ^
    2) ^ 1.5
ayneu = ayneu - gravconst * 5.974E+24 * yneu / ((384000000 - xneu) ^ 2 + yneu ^ 2) ^ 1.5
'*************Alle weiteren Schritte mit Symmetrisierung******************
FOR n = 1 TO nn
    t = t + dt

    'Mondkoordinaten ändern sich nur, falls Mondbewegung gewählt wurde (a$="j")
    IF a$ = "j" THEN
    xmond = 384000000 * (1 - COS(2.6617E-06 * t))
    ymond = 384000000 * SIN(2.6617E-06 * t)
    END IF

    xganzalt = xalt
    yganzalt = yalt
    vxganzalt = vxalt
    vyganzalt = vyalt
    axganzalt = axalt
    ayganzalt = ayalt
```

```
xalt = xneu
yalt = yneu
vxalt = vxneu
vyalt = vyneu
axalt = axneu
ayalt = ayneu


xneu = xganzalt + 2 * vxalt * dt
yneu = yganzalt + 2 * vyalt * dt
vxneu = vxganzalt + 2 * axalt * dt
vyneu = vyganzalt + 2 * ayalt * dt
axneu = -gravconst * 7.349E+22 * (xneu - xmond) / ((xneu - xmond) ^ 2 + (yneu -
    ymond) ^ 2) ^ 1.5
axneu = axneu + gravconst * 5.974E+24 * (384000000 - xneu) / ((384000000 - xneu) ^
    2 + yneu ^ 2) ^ 1.5
ayneu = -gravconst * 7.349E+22 * (yneu - ymond) / ((xneu - xmond) ^ 2 + (yneu -
    ymond) ^ 2) ^ 1.5
ayneu = ayneu - gravconst * 5.974E+24 * yneu / ((384000000 - xneu) ^ 2 + yneu ^ 2) ^
    1.5


'Es soll nur eine Ausgabe erfolgen, wenn der aktuelle Zeitwert t ein ganzzahliges
    Vielfaches der Druckschrittweite s ist:
ss = t / s
IF ss = INT(ss) THEN
    PRINT #1, xneu, yneu, "n="; n, "t="; t, "d1="; d1, "d2="; d2, "vx="; vxneu, "vy=";
    vyneu, "ax="; axneu, "ay="; ayneu, "xmond="; xmond, "ymond="; ymond
END IF

'Das Programm soll nach einer Kollision mit Mond oder Erde angehalten werden
'd1: Aktueller Abstand zwischen Brezel und Mond-Mittelpunkt
d1 = SQR((xneu-xmond) ^ 2 + (yneu-ymond) ^ 2)
'd2: Aktueller Abstand zwischen Brezel und Erd-Mittelpunkt
d2 = SQR((384000000 - xneu) ^ 2 + yneu ^ 2)
IF d1 < 1738000 THEN   'Abfrage, ob d1 kleiner als der Mondradius ist
    PRINT "Mond getroffen"
    PRINT #1, "Mond getroffen"
    END   'Bei Aufschlag auf dem Mond wird das Programm hier beendet.
    END IF
IF d2 < 6367500 THEN   'Abfrage, ob d2 kleiner als der Erdradius ist
    PRINT "Erde getroffen"
    PRINT #1, "Erde getroffen"
    END   'Bei Aufschlag auf der Erde wird das Programm hier beendet.
    END IF

NEXT n
'*************************************
END
```

Anhang 8: Scan im Gradabstand

```
'Speichern der berechneten Daten in eine Datei auf der Festplatte
'(Die Daten koennen in Excel eingelesen und weiter verarbeitet werden.):
OPEN "c:\temp\Ergebnis.txt" FOR OUTPUT AS #1
'Ausgabebildschirm loeschen:
CLS

'************Anfangsbedingungen***************
'Eingabe der Zeitschrittweite:
INPUT "dt"; dt
PRINT
'Zahl der Iterationsschritte, die berechnet werden:
INPUT "Wieviele Iterationsschritte"; nn
PRINT
'Winkelintervall, innerhalb dessen in 1⁰-Abstand gerechnet werden soll:
INPUT "rho(degree)-Start="; rh1
INPUT "rho(degree)-Ende="; rh2
PRINT #1, "rho(degree)-Start="; rh1
PRINT #1, "rho(degree)-Ende="; rh2

PRINT
'Die Rechnung kann mit oder ohne Bewegung des Mondes um die Erde durchgefuehrt
    werden:
INPUT "Soll sich der Mond bewegen?(j/n)"; a$

PRINT #1, "dt="; dt
PRINT #1, "Iterationsschritte: "; nn

IF a$ = "j" THEN
    PRINT #1, "Mond bewegt sich."
END IF
IF a$ = "n" THEN
    PRINT #1, "Mond bleibt im Ursprung."
    xmond = 0: ymond = 0
END IF

PRINT #1,

FOR rh = rh1 TO rh2
PRINT "rh="; rh
rho = rh * 2 * 3.1415926# / 360      'Umrechnung ins Bogenmass
PRINT "rho="; rho

'************Initialisierung*****************
t = 0
xalt = 0: xneu = 0
yalt = 0: yneu = 0
vxalt = 0: vxneu = 0
vyalt = 0: vyneu = 0
```

```
axalt = 0: axneu = 0
ayalt = 0: ayneu = 0
gravconst = 6.673E-11  'Gravitationskonstante
'Mittelpunkt delta (auf negativer x-Achse) und Radius des Brezelkreises:
delta = 30911272: radius = 113249437
'************* Berechnung fuer t=0***************
xalt = radius * COS(rho) - delta
yalt = radius * SIN(rho)


'Berechnung der Startbeschleunigung nach Gl-4a:
axalt = -gravconst * 7.349E+22 * xalt / (xalt ^ 2 + yalt ^ 2) ^ 1.5
axalt = axalt + gravconst * 5.974E+24 * (384000000 - xalt) / ((384000000 - xalt) ^ 2 + yalt ^
    2) ^ 1.5
ayalt = -gravconst * 7.349E+22 * yalt / (xalt ^ 2 + yalt ^ 2) ^ 1.5
ayalt = ayalt - gravconst * 5.974E+24 * yalt / ((384000000 - xalt) ^ 2 + yalt ^ 2) ^ 1.5


'*************Erster Schritt (mit dem Verfahren nach Euler)***************
'Mondkoordinaten ändern sich nur, falls Mondbewegung gewählt wurde (a$="j")
IF a$ = "j" THEN
xmond = 384000000 * (1 - COS(2.6617E-06 * dt))
ymond = 384000000 * SIN(2.6617E-06 * dt)
END IF


xneu = xalt + vxalt * dt
yneu = yalt + vyalt * dt
vxneu = vxalt + axalt * dt
vyneu = vyalt + ayalt * dt
axneu = -gravconst * 7.349E+22 * (xneu - xmond) / ((xneu - xmond) ^ 2 + (yneu - ymond) ^
    2) ^ 1.5
axneu = axneu + gravconst * 5.974E+24 * (384000000 - xneu) / ((384000000 - xneu) ^ 2 +
    yneu ^ 2) ^ 1.5
ayneu = -gravconst * 7.349E+22 * (yneu - ymond) / ((xneu - xmond) ^ 2 + (yneu - ymond) ^
    2) ^ 1.5
ayneu = ayneu - gravconst * 5.974E+24 * yneu / ((384000000 - xneu) ^ 2 + yneu ^ 2) ^ 1.5
'*************Alle weiteren Schritte mit Symmetrisierung******************
FOR n = 1 TO nn
    t = t + dt

    'Mondkoordinaten ändern sich nur, falls Mondbewegung gewählt wurde (a$="j")
    IF a$ = "j" THEN
    xmond = 384000000 * (1 - COS(2.6617E-06 * t))
    ymond = 384000000 * SIN(2.6617E-06 * t)
    END IF

    xganzalt = xalt
    yganzalt = yalt
    vxganzalt = vxalt
    vyganzalt = vyalt
    axganzalt = axalt
    ayganzalt = ayalt
```

41

```
xalt = xneu
yalt = yneu
vxalt = vxneu
vyalt = vyneu
axalt = axneu
ayalt = ayneu

xneu = xganzalt + 2 * vxalt * dt
yneu = yganzalt + 2 * vyalt * dt
vxneu = vxganzalt + 2 * axalt * dt
vyneu = vyganzalt + 2 * ayalt * dt
axneu = -gravconst * 7.349E+22 * (xneu - xmond) / ((xneu - xmond) ^ 2 + (yneu -
      ymond) ^ 2) ^ 1.5
axneu = axneu + gravconst * 5.974E+24 * (384000000 - xneu) / ((384000000 - xneu) ^ 2
      + yneu ^ 2) ^ 1.5
ayneu = -gravconst * 7.349E+22 * (yneu - ymond) / ((xneu - xmond) ^ 2 + (yneu -
      ymond) ^ 2) ^ 1.5
ayneu = ayneu - gravconst * 5.974E+24 * yneu / ((384000000 - xneu) ^ 2 + yneu ^ 2) ^
      1.5

'Das Programm soll nach einer Kollision mit Mond oder Erde zum nächsten Startwinkel
rho übergehen
'd1: Aktueller Abstand zwischen Brezel und Mond-Mittelpunkt
d1 = SQR((xneu - xmond) ^ 2 + (yneu - ymond) ^ 2)
'd2: Aktueller Abstand zwischen Brezel und Erd-Mittelpunkt
d2 = SQR((384000000 - xneu) ^ 2 + yneu ^ 2)

IF d1 < 1738000 THEN
      v = SQR(vxneu ^ 2 + vyneu ^ 2)
      PRINT "Mond getroffen", "Winkel="; rh, "v="; v, "t="; t
      PRINT #1, "Mond getroffen", "Winkel="; rh, "v="; v, "t="; t
      GOTO weiter
      END IF
IF d2 < 6367500 THEN
      v = SQR(vxneu ^ 2 + vyneu ^ 2)
      PRINT "Erde getroffen", "Winkel="; rh, "v="; v, "t="; t
      PRINT #1, "Erde getroffen", "Winkel="; rh, "v="; v, "t="; t
      GOTO weiter
      END IF
NEXT n

'****************************************

weiter:
NEXT rh
END
```